Christian Schlüter

111 BULLI-STORIES DIE MAN KENNEN MUSS

emons:

Inhalt

Kunden Center

LAST
TERRY
TOUR

UNTERWEGS ZU HAUSE – DAS MOBILE HOTELZIMMER | 220

ALLES, NUR KEIN STANDARD – DIE BESONDEREN VARIANTEN | 256

Vorwort

Noch ein Buch über den VW Bus? Ja! Kein anderes Auto auf der Welt bietet so viele Geschichten wie der Bulli. Nicht nur, weil er seit 70 Jahren zu den beliebtesten Fahrzeugen seiner Klasse gehört, sondern weil er geliebt und nicht nur genutzt wird. Er ist mehr als nur ein Automobil. Der Bulli ist ein Familienmitglied. Hinter jedem verkauften Fahrzeug verbirgt sich eine erzählenswerte Geschichte. Somit wären auch 1.111 Kapitel problemlos möglich gewesen. Aber damit wäre dieses Buch wohl doch zu groß und schwer für Ihr Bücherregal geworden. Ich habe Ihnen deshalb 111 verschiedene Stories aus dem schier unendlichen Bulli-Kosmos herausgesucht. Darunter Basiswissen zur Modellgeschichte, Personen, die die Historie des Bulli geprägt haben, ausgefallene Fahrzeuge und natürlich Geschichten über Menschen, deren Leben mit dem Bulli auf besondere Art und Weise verbunden ist.

Auch mein Leben ist mit dem Bulli fest verknüpft. Mit 17 gab es den ersten T3, und seitdem hat mich das Bulli-Fieber nicht mehr losgelassen. Der Bulli war das Mittel zur Fortbewegung im Alltag und im Urlaub. Später erlaubte es mir der Zufall, dass ich mein Hobby zum Beruf machen durfte; und somit dreht sich fast alles um »das Auto meines Lebens«. Dabei ist es egal, ob wir über einen T1 oder T6 reden. Jede Generation hat ihren Charme. Und jeder Bulli ist der beste Komplize, den man sich für automobile Abenteuer vorstellen kann. Durch den Bulli hab ich Freunde rund um den Globus gefunden und mit ihm Dinge erlebt, die man wohl nur mit diesem Auto erleben kann. Unzählige Nächte habe ich in ihm bereits verbracht; teilweise an Orten, an denen wir nur übernachten durften, weil wir mit »dem« VW Bulli unterwegs waren. Denn er öffnet die Herzen der Menschen und damit unvorstellbare Möglichkeiten.

Tauchen Sie ein in den faszinierenden Kosmos des vielseitigsten Automobils der Welt. Lassen Sie sich inspirieren, den Globus und seine bezaubernden Menschen mit dem Bulli zu entdecken. Und warten Sie nicht erst, bis Sie in Rente gehen. Verschieben Sie keine Fahrt auf später. Jeder Tag ohne Bulli ist ein Tag, an dem Sie ein Abenteuer weniger mit ihm erleben können. Ganz gleich, ob es die kleine Flucht aus dem Alltag oder die Fernreise ist: Der Weg ist das Ziel. Und mit dem Bulli geht die Erholung schon beim Einsteigen los – Armlehnen runter und Aussicht genießen. Und wenn Ihnen dann ein Bulli entgegenkommt, winken Sie mal mit dem ausgestreckten kleinen Finger und Daumen: *Hang loose and keep on rolling!*

Ihr Christian Schlüter

Das Logo an der Front
vom T1 ist unverkennbar.

MODELL- UND MARKENGESCHICHTEN

Vintage-Travel: VW Busse der ersten und zweiten Generation sorgen bei den Zuschauern immer für ein Lächeln im Gesicht.

1 Pon und der Plattenwagen

Eine Skizze erobert die Welt

Es gibt zwei feste Größen, die mit der Geschichte des Bulli verbunden sind: Ben Pon und der Plattenwagen. Die Familie Pon ist im holländischen Amersfoort eine Institution. Heute wie damals.

Angefangen hat es 1898 mit einem Gemischtwarenladen, der 1928 von Ben, Erstgeborener von Gründer Mijndert, und seinem Bruder Wijnand übernommen wird. 1931 gründen sie bereits »Pon's Automobilhandel«. Sie importieren Lkw und Pkw aus Europa und Amerika. 1939 treffen sie auf einer Messe Ferdinand Porsche, der ihnen den KdF-Wagen vorstellt. Zu einem Geschäft kommt es aber erst später. Nach Ende des Zweiten Weltkriegs sind Federal Trucks die Hauptsäule des Unternehmens. Die Brüder verkaufen bis 1948 fast zehnmal so viele Lkw wie Pkw. Nachdem der Krieg die Bestrebungen, VW-Importeur für die Niederlande zu werden, zunächst beendete, war es dann am 8. August 1947 so weit, das Unternehmen wurde weltweit erster Volkswagen-Importeur überhaupt.

Bei einem seiner Besuche im Werk in Wolfsburg sieht Pon einen sogenannten Plattenwagen, in dem der Sitzplatz für den Fahrer hinten über dem Motor vor einer langen, flachen Ladefläche ist. Das Fahrzeug ist ideal, um schwere Güter durch das Werk zu fahren. Pon ist von dem Gefährt fasziniert und skizziert daraufhin ein Fahrzeug, welches den Motor im Heck hat wie der Käfer, aber ein Lieferwagen ist. Diese Skizze galt lange Zeit als erste und einzige Grundlage für die Prototypen des Bulli von 1949. Durch viele Recherchen ist inzwischen aber auch belegt, dass es gleichzeitig mehrere Menschen an unterschiedlichen Orten gab, die an der Idee eines leichten Nutzfahrzeuges arbeiteten. So wie es einst schon Mercedes und Benz taten.

Der Startschuss für den Typ 2 von VW. Der Plattenwagen war die Transportlösung für den innerbetrieblichen Werksverkehr und Ideengeber für den Bulli.

Mit einer freihändigen Konstruktionsskizze in der Hand soll Pon Heinrich Nordhoff überzeugt haben, auf der Basis eines VW Käfer einen Transporter zu bauen; einen Transporter, den man sowohl zur Personenbeförderung – also als Bus – als auch als Lieferwagen einsetzen kann. Die Kombination aus Bus und Lieferwagen war später die Vorlage zur knappen, aber sehr liebevollen Bezeichnung »Bulli«.

Entwicklungsgeschichte
Ben Pon

2 T1 (1950 bis 1955)

Der Bulli lernt laufen

Nachdem bereits 1949 aus der Idee, neben dem Käfer einen Transporter (Typ 2) zu bauen, die ersten Prototypen entstanden waren, erblickte Anfang 1950 der VW Lieferwagen in Wolfsburg das Licht der Welt. Die Manufakturfertigung wurde am 8. März 1950 auf eine Serienfertigung umgestellt, die zu Beginn zwar nur drei Transporter pro Tag auf die Räder stellte, aber der erste Schritt für einen Welterfolg war gemacht. Aus dem Namen Lieferwagen wurde schon bald »Der Transporter«, und die langsam, aber stetig wachsende Wirtschaft bekam damit ihren geräumigen Lastenesel. Mit ihrem großen, quaderförmigen Laderaum war die selbsttragende Karosserie bestens für Handwerker geeignet. Dabei war das Fahrzeug immer noch recht kompakt und mit einer Höchstgeschwindigkeit von fast 80 km/h nur unwesentlich langsamer als der Käfer. Mit seiner unverwüstlichen Technik und hohen Zuverlässigkeit wurde er rasch zum Liebling der Nutzer.

Da aber nicht nur die Nachfrage für Waren-, sondern auch für Personentransporte stetig anstieg, stellte VW dem Kastenwagen einen »Kleinbus« an die Seite. Dieser war auf den ersten Blick mit seinen drei Fenstern an den Seiten zu erkennen. Im Innenraum gab es bis zu neun Sitzplätze, verteilt auf drei Sitzreihen, und verkleidete Seitenwände. Somit stand dem Ausflug ins Blaue der Familie oder kleinen Gesellschaft nichts mehr im Wege. Für den Handwerksbetrieb, der nur seine Mitarbeiter günstig zum Einsatzort bringen wollte, gab es ihn auch als kargen Kombi ohne Innenverkleidungen. Behörden fanden an dem Kombi Gefallen, weil sie ihn für ihre Zwecke schnell und einfach individualisieren konnten. Dies geschah für Feuerwehr, Polizei und Ambulanzen auch direkt ab Werk.

Dieser T1 (Fahrgestellnummer 20 1880) hört auf den Namen Sofie und ist der wohl älteste straßenzugelassene T1 auf der Welt.

Bereits 1952 zog VW das nächste Ass aus dem Ärmel: den Pritschenwagen. Mit einer offenen Ladefläche (2,6 mal 1,57 Meter) begrenzte nun keine Karosse mehr den Platz nach oben oder erschwerte die Beladung an den damals üblichen hohen Laderampen. Zusätzlich gab es ein abschließbares Fach unterhalb der Pritsche, in dem man bestens Werkzeuge sicher verstauen konnte. Darum bekam es auch schnell den Spitznamen »Tresorfach«. Bot der erste Pritschenwagen nur drei Leuten Platz, verdoppelte die später erhältliche Doppelkabine die Anzahl auf sechs Personen bei einer etwas kleineren Ladefläche. Mit so einem vielfältigen Angebotsprogramm gab es fast keinen Einsatz, bei dem der Bulli nicht der perfekte Partner war.

H VW 776H

3 T1b/c (1955 bis 1967)

Auf Erfolg ruht man sich nicht aus

Der Bulli erfreute sich auch Mitte der 50er Jahre kontinuierlich steigender Verkaufszahlen. Volkswagen wurde nicht müde, seinen Bestseller immer weiter zu optimieren. So spricht man ab 1955 vom T1b. Dieser ist zu erkennen am vorderen Dachüberstand, der die Innenraumbelüftung deutlich verbesserte. Die Motorraumklappe wurde kleiner, und durch den niedrigeren Motorraum gab es mehr Platz im Laderaum. Die Motorleistung stieg auf 30 PS an und beschleunigte den T1 etwas besser. Über die Laufzeit bekam er immer stärkere Motoren, die eine Leistung bis zu 44 PS hatten und dank dieser Kraft bis über 100 km/h schnell waren.

1956 wurde die Produktion ins neue Transporterwerk nach Hannover verlagert. Das Modellprogramm wurde immer wieder erweitert, so gab es ab 1958 die Doppelkabine mit Platz für bis zu sechs Leute und eine Ladefläche ab Werk. 1961 erschien der Großraum-Kastenwagen. Dank eines Hochdachs ergab sich eine Innenhöhe von 1,75 Zentimetern, das Laderaumvolumen wuchs auf sechs Kubikmeter an. Die Klapptüren reichten über die gesamte Fahrzeughöhe, so konnten nun auch leichte und sperrige Güter problemlos eingeladen werden.

Im Sommer 1963 wurde der Bulli noch ein letztes Mal vor dem Modellwechsel zum T2 aufgehübscht. Es waren schon über eine Million VW Busse gebaut worden, als diese Modellpflege einsetzte. Der heute T1c genannte Transporter bekam eine nochmals vergrößerte Heckklappe, und die seitlichen Klapptüren konnten erstmals durch praktische Schiebetüren ersetzt werden.

Auf den ersten Blick ist der »neue« T1 an den größeren und flacheren Blinkern zu erkennen.

Die Produktion des T1 in Deutschland endete nach fast 1,8 Millionen Fahrzeugen 1967. Anschließend wurde der T1 in Brasilien weiterproduziert. Noch bis 1975 behielt der Transporter die typische geteilte Frontscheibe, die Seitenwände des T1 blieben sogar noch bis 1995 gleich. Da der Anteil der lokal produzierten Bauteile kontinuierlich anstieg, gibt es bei den brasilianischen T1 einige Unterschiede zu den deutschen Artgenossen. Was die Besitzer bei der Ersatzteilsuche manchmal vor Herausforderungen stellt.

Aber egal, wo der T1 auch gefertigt wurde, wenn man heute mit ihm durch die Ortschaften rollt, zaubert er Fahrer wie Passanten immer ein Lächeln ins Gesicht.

4 T2a (1967 bis 1974)

Tiefergelegte Blinker – erhöhter Fahrkomfort

Nach 17 Jahren Bauzeit war der Zeitpunkt für eine umfangreiche Überarbeitung des Bulli gekommen. Das Fahrzeugkonzept ist gleich geblieben, die Ladung hatte Platz zwischen dem luftgekühlten Heckmotor und den kutschbockähnlichen Fahrerhaussitzen auf der Vorderachse. Aber die Technik und das Design wurden spürbar verändert. So wichen die beiden kleinen, flachen Frontscheiben einer großen, gewölbten. Wegen ihres Bogens wird sie im englischsprachigen Raum auch »Bay Window« genannt. Die restlichen Scheiben wurden deutlich größer, und das praktische Dreiecksfenster im Fahrerhaus blieb erhalten.

Um noch mehr Stauraum zu bekommen, wuchs die Länge des zweiten Transporters um 14 Zentimeter. Die runden Blinker wurden eckig und wanderten nach unten. Die beim T1 noch optionalen Schiebetüren wurden Serienausstattung, und der Fahrkomfort sollte dank des neuen Fahrwerks laut Verkaufsförderung nun dem eines Pkw entsprechen. Am Motor mit nur 3 PS mehr konnte es wohl auch kaum gelegen haben. Dessen Vorteil war eher sein flacher Aufbau, sodass im Innenraum wieder mehr Platz war und man die Ladung nicht so hoch heben musste, um sie im »Kofferraum« zu verstauen. Das Armaturenbrett wurde tatsächlich Pkw-ähnlicher, mit einer besseren Übersichtlichkeit und gepolsterter Ablage.

Wie beim T1 war man sich bei Volkswagen bewusst, dass der Erfolg des Bulli auch seine Variantenvielfalt war. So waren neben dem einfachen Kastenwagen und Kombi auch sofort eine Variante mit GFK-Hochdach und ein zehn Zentimeter längerer Pritschenwagen mit einer Sitzreihe (Pritsche) oder zwei Sitzreihen (Doppelkabine) erhältlich. Da das »Sondermodell« beziehungsweise der Deluxe (USA), umgangssprachlich Samba genannt, ein voller Erfolg war, sollte es auch für den T2 eine luxuriöse Variante geben. So hob VW den Clipper aus der Taufe, ein weniger aufwendiges Fahrzeug als der T1 Samba, ohne Dachfenster und Faltdach, aber dafür mit weißem Stahlkurbeldach und vielen Chromteilen. Der Name Clipper kam allerdings bei der Fluggesellschaft Pan Am nicht so gut an, denn diese hatte sich die Rechte an dem Namen schützen lassen. Und so kehrte man zur weniger emotionsgeladenen Version »7-Sitzer« oder »8-Sitzer« zurück. Was dem Erfolg des T2a aber keinen Abbruch tat.

Dank der runden Frontscheibe nennt man den T2 auch »Bay Window«. Hat er, wie hier, die Blinker unten, ist es ein T2a.

Bergwacht
BW
Schwarzwald
Landesleitung
Einsatzleitwagen
Bergwacht
BW
Schwarzwald
FR-CU 918

5 T2b (1974 bis 1979)

Bunt und edel durch die 70er

Auch die zweite Bulli-Generation durfte sich 1974 eines Facelifts erfreuen, und wie schon beim T1 waren die Modelle anhand der Blinker auf den ersten Blick zu unterscheiden. Denn aus den schmalen Streifen kurz oberhalb der Frontstoßstange wurden praktische quadratische gelbe Streuscheiben unter der Windschutzscheibe. Das Logo auf der immer noch runden Front wurde kleiner, und die Einstiegsstufen waren nun hinter den vorderen Türen vor Schmutz geschützt. Eine weitere Verbesserung wies die Schiebetür auf. Sie war leiser und einfacher zu handhaben.

Bei der Variantenvielfalt bestand kein Bedarf an Veränderungen. So bot man nahtlos die Varianten Kastenwagen, Pritsche, Doppelkabine, Kipper und Kombi bis hin zum edlen Bus L an. Dieser deutlich besser ausgestattete Personentransporter war bereits an den vielen Chromapplikationen erkennbar. Aber auch an das Angebot von Sonderlösungen dachte man weiterhin in Hannover. So gab es einen Schulbus, in dem bis zu 15 Kinder Platz fanden, oder einen Krankenwagen für gleich mehrere Verletzte. Der Motor wurde nur sanft in der Leistung auf 50 PS gesteigert, der später erhältliche 70-PS-Motor befeuerte den leichten Transporter schon sehr gut. In der Kombination mit der nun angebotenen Dreigang-Automatik wurde dem Bulli diese gewonnene Energie aber gleich wieder geraubt. Schalten lassen hatte damals noch so gar nichts mit Sportlichkeit zu tun.

Mit dem Auslaufen des T2 in Deutschland brachte Volkswagen sein erstes limitiertes Transporter-Sondermodell zum Abschluss einer Modellreihe auf den Markt. Die 1.600 Fahrzeuge boten alles, was man sich vom T2 nur wünschen konnte. Serienmäßig hatten sie zum Beispiel das riesige Schiebedach und Drehfenster im Fond an Bord. Außerdem edle Sitzbezüge und Verkleidungen und einen dazu passenden Teppich. Alles in dezentem Dunkelblau gehalten, passend zur stilvollen silbernen Metallic-Lackierung. Aufgrund der Lackierung kennt man dieses Modell heute fast nur unter dem Namen »Silberfisch« und nicht unter der offiziellen Bezeichnung »Lord von Hannover«. Der Name war sicher als Wertschätzung gegenüber der Stadt, in der der Bulli vom Band lief, gedacht. Natürlich war der Bulli kein echter Lord, aber eigentlich gebührt dem wohl berühmtesten Einwohner der Stadt schon ein Ehrentitel. Mindestens aber mal ein Denkmal.

Den T2b erkennt man an der weiterhin gewölbten Frontscheibe und den quadratischen Blinkern unter der Frontscheibe.

Volkswagen Nutzfahrzeuge
Oldtimer
Volkswagen Nutzfahrzeuge
T2 - 1979

6_ T3 (1979 bis 1990)

Der Glückswürfel

Während der Golf schon 1974 mit einem wassergekühlten Motor auf den Markt kam, hielt man beim Transporter an dem Heckmotorkonzept und den luftgekühlten Motoren fest. Dass die Zeit für einen Frontmotor beim Bulli noch nicht gekommen war, belegten sich die Ingenieure auch mit einer umfangreichen Analyse, bei der sie zu dem Schluss kamen, dass das geplante Konzept für den T3 das einzig richtige war.

Im Prinzip hatte sich das Konzept aber nicht verändert: Die erste Reihe sitzt auf der Vorderachse, Motor im Heck und dazwischen die Ladung. Technisch gesehen war der T3 jedoch eine Neukonstruktion. Eine eckige Karosserie machte den neuen Bulli sofort erkennbar. Sein sogenanntes »One-Box-Design« mit klaren Kanten und Linien wirkte deutlich moderner als bei seinem Vorgänger und war damit bestens gerüstet für die wilden 80er Jahre. Nur beim Motor war VW weniger progressiv. Zu Beginn gab es nur zwei verbrauchsstarke, luftgekühlte Benzinmotoren. Erst mit dem Einsatz der Wasserkühlung für die Benziner und dem erstmals für den Transporter erhältlichen Dieselmotor wurde der Bus ansprechend bewegt. Wobei es beim Diesel erst eines Turboladers bedurfte, um die bestmögliche Kombination aus Leistung und Kraftstoffverbrauch anzubieten. Mit dem 112-PS-Benziner war er sogar für Eiltransporte geeignet. Das neue Fahrzeug ermöglichte es den Ingenieuren, auch das Fahrwerk spürbar zu verbessern und den Wendekreis auf 10,7 Meter zu verringern. Beim T3 gab es kein wirkliches Facelift. Er wurde über die jährlichen Modellpflegen immer wieder modernisiert, aber nie radikal verändert.

Der quadratische T3 unterscheidet sich markant von allen anderen Generationen und hat sich äußerlich über die Laufzeit nur wenig verändert.

Wie schon bei den Vorgängern war VW sich bewusst, dass der T3 nur ein Erfolg werden konnte, wenn den unterschiedlichen Kunden auch weiterhin eine große Vielzahl an Varianten angeboten würde. Eine Tugend, die bis heute eines der Erfolgsrezepte des Bulli ist. Somit gab es gleich zum Marktstart wieder Kastenwagen, Kombi, Pritschenwagen und Bus. 1985 brachte VW allerdings ein Fahrzeug auf den Markt, welches das Segment der kleinen Transporter revolutionierte: den Multivan. Eine Großraumlimousine mit Tisch und Bett. Schnell wurde er zum Liebling von Familien, Selbstständigen und Sportlern. Schier unbegrenzt waren die Möglichkeiten, ihn einzusetzen. Der Multivan wurde zum Synonym für das Bulli-Gefühl – nicht nur ein Auto, sondern ein verlässlicher Partner für die kleinen Fluchten aus dem Alltag.

KRAUSE
H SE 5496

7 T4 (1990 bis 1996)

Paradigmenwechsel beim Konzept

Was eigentlich aus heutiger Sicht schon beim Wechsel vom T2 zum T3 hätte passieren müssen, erschreckte selbst noch elf Jahre später die Bulli-Fans. Ihr geliebter VW Bus sollte nun einen Frontmotor bekommen. Und nicht nur das, auch der Antrieb sollte vorne sein, war ein Transaxle-Antrieb wie beim Porsche 944 doch zu komplex und wohl unnötig. Auch wenn einige Hardcorefans sich zu Beginn vehement und heute noch vereinzelt abfällig über diesen Konzeptwechsel äußerten, für Volkswagen war es genau der richtige Schritt, um beim Wettbewerb nicht ins Hintertreffen zu geraten. Im Gegenteil, mit dem T4 war der Bulli weiterhin die Benchmark im Transportersegment, und kein anderes Fahrzeug bot so einen Fahrkomfort wie der T4.

Dass der Bulli durch den Frontmotor nun eine Motorhaube bekam und er sich optisch deutlich von seinen drei Vorgängern unterschied, trug sicher auch dazu bei, dass sich einige langjährige Kunden umgewöhnen mussten. Aber dieser Generationswechsel bot auch große Vorteile. Neben dem nun endlich ebenen Laderaum gab es auch die Möglichkeit, mit geringem Aufwand den Kunden zwei Radstände zu offerieren. Der lange Radstand kompensierte dabei die durch den Frontmotor verlorene Laderaumlänge. Allerdings wuchs die Außenlänge auf knapp über fünf Meter, was ihn nicht unbedingt handlich machte. Bei den angebotenen Modellen hatte der Kunde damit allerdings eine noch größere Auswahl an verschiedenen Versionen. Neben den Nutzfahrzeugvarianten gab es natürlich weiterhin die Personentransporter Kombi, Caravelle und Multivan. Letzteren auch als Sondermodell Allstar mit grellen Polstern und einer gehobenen Serienausstattung.

Gerade für Handwerker war das Frontmotorkonzept ein Vorteil, konnte man den Bulli doch nun komplett eben beladen.

Waren die Motoren Anfang der 90er nur etwas über dem Leistungsniveau des T3, änderte sich das mit dem Einsatz des TDI 1995 radikal. TDI wurde ein Synonym für sportliches Fahren mit Dieselantrieb. Diese Motoren waren spritzige Dauerläufer, vernünftige Pflege und Wartung vorausgesetzt. Mit einer noch nie da gewesenen Beschleunigung, kombiniert mit geringem Dieselverbrauch, wurde der TDI-Motor zum beliebtesten Aggregat für den Bulli. Mit über 1,6 Millionen verkauften Exemplaren war der T4 außerordentlich erfolgreich und allen Skeptikern zum Trotz ein voller Erfolg.

Individualisierung mit Detailliebe zum Modell.

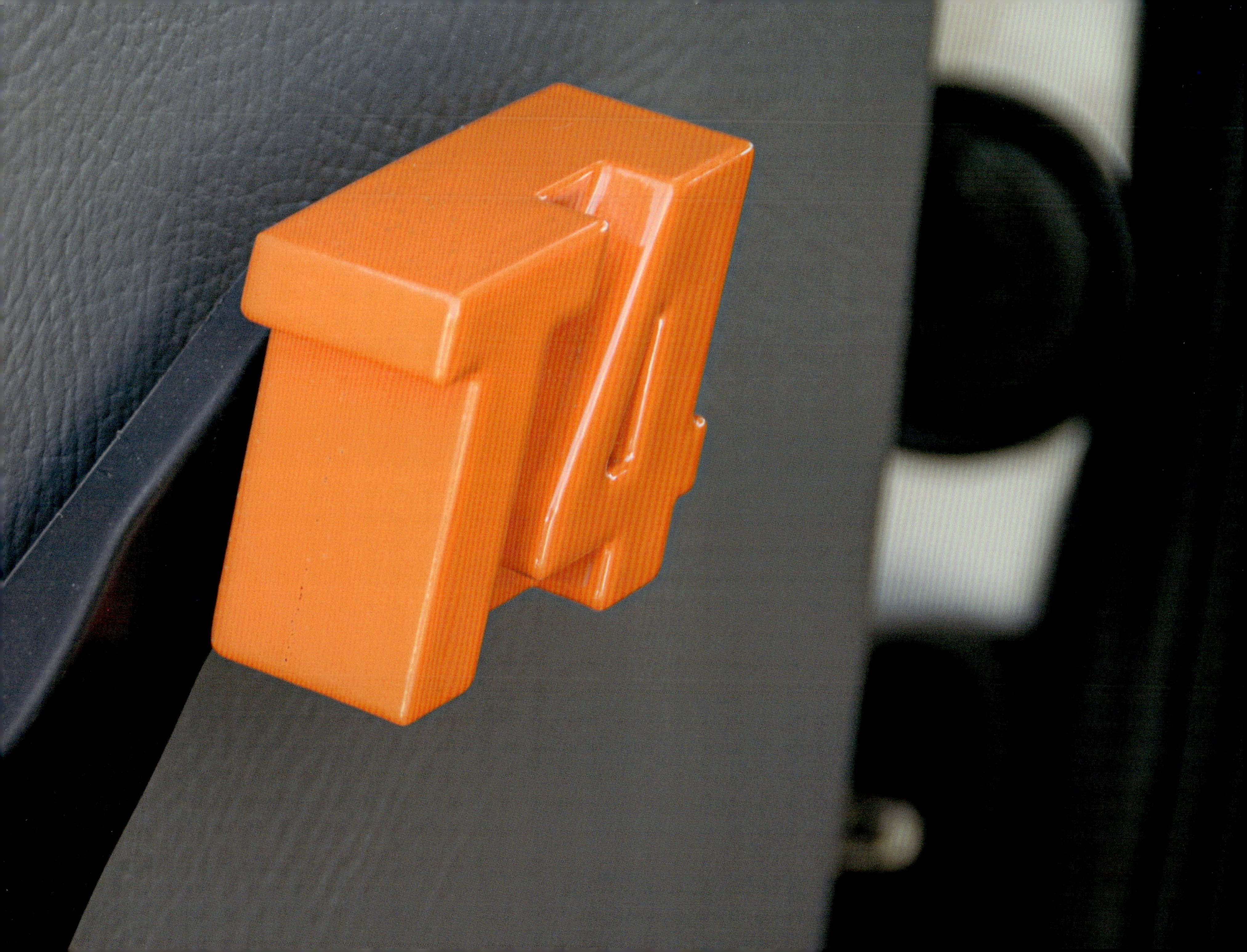

8 T4 GP (1996 bis 2003)

Happy Face Time

»Wir haben die Nummer eins noch besser gemacht«, titelte Volkswagen Nutzfahrzeuge 1996 selbstbewusst über ihr »Original« – den Transporter. Nach gut sechs Jahren am Markt war es Zeit für die erste große Produktaufwertung.

Von außen gaben sich die neuen Transporter und Pritschenwagen nur durch die runderen Stoßstangen und den Lufteinlass am Kotflügel zu erkennen, während Caravelle, Multivan und California eine komplett neue Front erhielten, die in der Szene bald als »Happy Face« bezeichnet wurde. Denn die neuen Scheinwerfer und der rundliche Kühlergrill ließen den VW Bus wieder deutlich freundlicher ausschauen.

Mit dem überarbeiteten Modell kamen auch neue Motoren. Neben einem sanft laufenden VR6-Benziner hielt der neue, kernige Diesel Einzug. Drei Buchstaben hatten schon die Pkw-Welt revolutioniert, nun war der Bulli an der Reihe: TDI waren die magischen Buchstaben, dank derer man den Motor nun zu Recht als Triebwerk bezeichnen durfte. Es gab ihn anfangs nur mit einer Leistungsstufe von 102 PS und 250 Nm. Damit konnte man entweder mit fast 160 km/h über die Autobahn rasen oder, wenn man sparsam fuhr, Reichweiten von bis zu 1.200 Kilometern erzielen. Durch diese perfekte Kombination aus Leistung und Sparsamkeit manifestierte sich der Ruf der legendären TDI auch beim Bulli. Und wenn die Besitzer darauf achteten, stets rechtzeitig Öl und Zahnriemen zu wechseln, waren die Motoren gut für Laufleistungen bis in die Million. Die Leistungsspitzen wurden später mit 150 PS (295 Nm) beim TDI und 204 PS (245 Nm) beim V6-Benziner erreicht.

Für viele guckte der facegeliftete T4 nun viel freundlicher daher und überzeugte zudem mit den sparsamen TDI-Motoren.

Innen wurde der T4 1996 nur leicht überarbeitet. Die große Aufwertung des Armaturenbretts kam erst 1998. Die TV-Werbung versprach damals, dass Blau nicht nur Delphine glücklich mache, und so leuchteten fortan die Armaturen beim Bulli bis 2009 in Blau mit roten Zeigern. Es gab unzählige Sondermodelle des Multivan bis zum Last Edition, ein vom Service-Center-Spezialausstattungen aufgewerteter Highline. Die luxuriöseste Version des T4 war aber der Caravelle Business. Mit vier Einzelsitzen im Fond, TV-, Video-, Telefon- und Faxgerät ausgestattet und im gesamten Innenraum mit Leder oder Alcantara bezogen, war dies ein wahres Luxusmobil.

H NV 887

9 T5 (2003–2009)

Dem Wettbewerb weit voraus

Im Gegensatz zum Modellwechsel von T3 zu T4 gab es beim T5 zwar keinen Paradigmenwechsel beim Konzept, aber es war deutlich mehr als nur eine optische Anpassung. Der T4 war technisch und qualitativ immer noch an der Spitze in seinem Segment, aber die Konkurrenz schien aufzuholen. Und so entwickelte man bei Volkswagen Nutzfahrzeuge einen Nachfolger, der alle Tugenden des Bulli und insbesondere des T4 weiterführte, aber eine komplette Neukonstruktion war – und damit in vielen Punkten dem Wettbewerb wieder meilenweit voraus.

Beim Fahrwerk wähnte man sich natürlich immer noch nicht in einem Sportwagen, aber eine sportliche Reiselimousine war er geworden, der Bulli in der fünften Generation. Er war leiser, bequemer und flotter unterwegs als seine Vorgänger. Der lange Schalthebel verschwand zwischen den Vordersitzen und wanderte – endlich – ins Armaturenbrett. Damit war nicht nur das Schalten einfacher, sondern auch der Durchgang in den Fond bequemer. Marketingseitig tat man damals alles dafür, dass die Bezeichnung T5 nicht auftauchte. Es sollte nur vom »neuen Transporter« und »neuen Multivan« gesprochen werden. Ein hehres Ziel, waren doch die Bezeichnungen T1 bis T4 schon sehr etabliert. So sehr man sich bei Volkswagen Nutzfahrzeuge auch bemühte, die Kunden und Medien sprachen vom T5. Aber durchaus positiv, denn der Neue schien zu überzeugen.

Während der Transporter robuster und praktischer wurde, ging man beim Multivan einen neuen Weg. Er bekam ein eigenständiges, höherwertiges Armaturenbrett, was den Anspruch, ein Fahrzeug im Premiumsegment zu sein, unterstrich. Er bot neben einem Flaschenfach ein Handschuhfach, welches durch die kalte Luft der Klimaanlage im Hochsommer auch Schokolade während der Fahrt kühl hielt. Der Fahrgastraum war perfekt für die große Familie. Bis zu vier integrierte Kindersitze und serienmäßige Sonnenrollos für die Seitenscheiben waren ein Novum in dem Fahrzeugsegment. Die seit der Einführung des Multivan 1985 zum Konzept gehörenden Elemente wie eine zur Liegefläche umklappbare Sitzbank, Gardinen und Tisch fehlten auch beim T5 nicht. Da erstmalig auch auf der linken Seite eine Schiebetür für den Multivan bestellbar war, gab es extra für diese Variante einen neuen verschiebbaren und ausklappbaren Tisch zwischen den Einzelsitzen im Fond. Aufgrund seiner roboterähnlichen Optik bekam er in Fankreisen den Spitznamen R2D2. Mit dem T5 hat das VW-Imperium zwar nicht zurückgeschlagen, aber gut vorgelegt und den Mythos des Bulli wieder ein Stück mehr verfestigt.

Markantere Linien, Joystickschaltung und ein Pkw-Fahrwerk machten den T5 zur ultimativen Reiselimousine. Inbegriff des Luxus war das Modell Business.

10 T5 GP (2009 bis 2015)

Facelift für das Original

Der Bulli war schon immer dafür bekannt, dass er keinen überhasteten Runderneuerungen, im Fachjargon auch Facelift genannt, erlag. Der VW Bus durfte seit jeher in Ruhe reifen und sich sorgfältig auf einen Modellwechsel oder ein Facelift vorbereiten. Beim T5 dauerte es sechs Jahre, bis die Nutzis ihren Bestseller einer Frischzellenkur unterzogen. Da es mehr als die alljährliche Modellpflege war, sprach man von einer großen Produktaufwertung (GP). Da die Karosserie aber gleich geblieben ist, mussten die Designer nur die Front- und Heckpartie an das neue VW-Design anpassen.

Neben den üblichen neuen Farben und Stoffen wurde auch ein neues Armaturenbrett eingesetzt. Dieses bot jetzt Platz für das Radio-Navigationsgerät aus den aktuellen Pkw-Derivaten. Für viele Fans waren die neuen Motoren aber eine Enttäuschung. Statt des geliebten 2,5-Liter-Fünfzylinder-TDI, der sogar im Touareg zum Einsatz kam, gab es nun nur noch zwei Liter große Vierzylinder-Common-Rail-TDI-Motoren. Die waren zwar auf dem Papier mindestens gleich stark oder boten teilweise sogar mehr Leistung bei gesunkenem Verbrauch, aber das widersprach erst mal dem Bauchgefühl der hartgesottenen Fans. Die große Varianz war schon zu Beginn mit vier verschiedenen TDI-Aggregaten (62 kw/84 PS bis 132 kw/180 PS) gegeben. Dabei wurde die neue Top-Maschine von zwei Turboladern befeuert und leistete beeindruckende 400 Newtonmeter. Der damit verbundene Schub beim Überholen brachte dann doch wieder ein Grinsen ins Gesicht der Fahrer. Der große Benziner (150 kw/204 PS) hatte nicht nur an Leistung, sondern auch zwei Zylinder verloren und damit auch an Reiz, klang er doch nun nicht mehr wie ein zufriedener Sechsender, sondern wie Nachbars Golf.

Mit einer Front, die zur neuen Designsprache bei Volkswagen passte, startete die überarbeitete Version des T5 in ihren zweiten Produktzyklus.

Reizvoll für alle sparsamen Fahrer war dagegen der neue BlueMotion, der mit einem Verbrauch von nur 6,4 Litern auf 100 Kilometer mit dem immer teurer werdenden Dieselkraftstoff knauserte. Für die komfortsuchenden Käufer gab es statt eines behäbigen Automatikgetriebes nun ein rasend schnell schaltendes 7-Gang-Doppelkupplungsgetriebe (DSG). Durch die neue Technik konnte man auch einen allradbetriebenen VW Bus mit DSG kombinieren und musste sich nicht zwischen den beiden Techniken entscheiden. In der fünften Generation war »Das Original« weiterhin die Benchmark seiner Klasse. Nicht nur technisch, sondern auch emotional – denn ein Bulli wird nicht nur genutzt, sondern geliebt.

11 Generation SIX (2015 bis 2019)

Der neue Bulli im Retrolook

War der Unterschied zwischen T4 und T5 schon von Weitem auch für Laien erkennbar, so musste man beim T6 doch etwas genauer hinsehen. Es gab für Volkswagen Nutzfahrzeuge auch keinen Grund, seinen Bestseller radikal zu verändern. So wurde der Klassiker in der sechsten Generation im Exterieur nur behutsam modernisiert, konnte aber durch eine andere Neuerung auffallen: Es standen zur Markteinführung insgesamt vier Zweifarblackierungen mit farblich abgestimmten Dekorelementen in der Schalttafel sowie 18 Zoll große Leichtmetallfelgen »Disc« im Retrodesign zur Verfügung. Besonders die Kombination Rot-Weiß rief Erinnerungen an den T1-Bulli wach.

Das Fahren mit dem Neuen wird dank zahlreicher Fahrassistenzsysteme nicht nur komfortabler, sondern auch sicherer. Ein adaptives Fahrwerk (DCC), elektrisch einstellbare Sitze und eine elektrische Heckklappe bringen mehr Bequemlichkeit. Für ein Plus an Sicherheit sorgen ein radargestütztes Umfeldbeobachtungssystem, eine automatische Distanzregelung (ACC) sowie die City-Notbremsfunktion. Sie alle unterstützen den Fahrer in kritischen Situationen beim rechtzeitigen Bremsen oder übernehmen es ganz für ihn.

Auch die Motoren wurden erneuert. So erfüllen alle den Euro-6-Abgasstandard. Die maximale Leistung liegt bei 204 PS, egal, ob Benziner oder Diesel – damit verbraucht der T6 grob einen Liter weniger als seine Vorgänger. Immer wichtiger wurden im Laufe der Jahre die Integration von Smartphones und die Verfügbarkeit von mobilen Online-Diensten. Beides gab es im T6 gleich zu Beginn. Mit Apple-Car-Play oder Android Auto kann man sein Handy bequem mit dem bis zu 6,33 Zoll großen Display bedienen. Mit Hilfe einer mobilen Internetverbindung wird der Verkehrsfluss in Echtzeit angezeigt, man kann die Preise der umliegenden Tankstellen vergleichen oder checken, in welchem Parkhaus noch freie Plätze sind.

Nach vielen Jahren gab es den Bulli endlich wieder in der sehr beliebten Farbkombination Rot-Weiß.

Der Bulli ist ein absoluter Designklassiker. Die Zeitung »Die Welt« schrieb direkt nach der Dieselkrise über eine Fahrt mit einem rot-weißen T6 Multivan gar: »Mit einem VW aufzukreuzen kann also doch noch positive Reaktionen erzeugen ...« und »Dieser Bus erntet Blicke wie ein Supersportwagen«. So zaubere der T6 im Retrofarbkleid vielen Menschen ein Lächeln ins Gesicht.

WW JG 700H
H NT 619

12 T6.1 (ab 2019)

Kann man einen Kreis noch runder machen?

In der Autoindustrie spricht man von Facelift, Modellpflege oder Produktaufwertung, wenn das bestehende Fahrzeug etwas in die Jahre gekommen ist und eine Frischzellenkur bekommt. Volkswagen Nutzfahrzeuge fragte 2019 bei der Präsentation des T6.1: »Kann man einen Kreis noch runder machen?« – Tatsächlich waren die immer weiter steigenden Verkaufszahlen ein Beleg dafür, dass der T6 ein ausgereiftes Modell war, an dem man kaum etwas verbessern konnte. Die selbstironische Antwort auf die selbst gestellte Frage von VW lautete: »Man kann es ja mal versuchen«, und sorgte für ein Schmunzeln, aber auch für Neugier, was sich die Nutzis aus Hannover Neues hatten einfallen lassen.

Schon die Bezeichnung »T6.1 – Ikone neuester Stand« gibt einen Hinweis auf den Inhalt der Produktaufwertung. Es geht um Digitalisierung und Vernetzung. Von außen unterscheidet sich der »Neue« nur wenig von seinem Vorgänger. Innen aber spendierte Volkswagen Nutzfahrzeuge dem Bulli eine Schalttafel, die erstmals in der VW-Welt die neueste Infotainment-Generation (MIB3) mit einem Display bis 9,2-Zoll-Bildschirmdiagonale beherbergt. Das Fahrzeug ist von nun an permanent online und versorgt die Insassen mit voller Konnektivität fürs Surfen, Streamen und Internetradio-Hören. Highlight ist sicher auch das volldigitale und individuell einstellbare Cockpit.

Die Lenkung wurde elektromechanisch. Das eröffnete viele Möglichkeiten für neue Assistenzsysteme. Einen Seitenwindassistenten gibt es nun serienmäßig. Optional erhältlich sind Sicherheit und Komfort erhöhende Optionen wie das Spurhaltesystem »Lane Assist«, der »Park Assist«, der den Bulli selbstständig in die Parklücke lenkt, ein Flankenschutz und der Ausparkassistent fürs Rückwärtsausparken. Der »Trailer Assist« vereinfacht das Rückwärtsfahren mit Anhänger, und die Verkehrszeichenerkennung informiert über die vielleicht am Straßenrand übersehenen Schilder. Der Antrieb erfolgt mit effizienten 2,0-Liter-Turbodieselmotoren von 90 PS bis 199 PS. In Kooperation mit der Firma ABT soll es auch eine vollelektrische Version des Bulli geben.

Behutsame Designanpassung und großes Technikupdate kennzeichnen den T6.1.

Der T6.1 – reine Evolution statt einer Revolution, so wie es sich Fans für ihre Fahrzeug-Ikone wünschen.

H NT 274

WESTFALIA

Camper aller sechs Generation auf dem Bulli-Treffen in Malvern.

13 Das Werk Hannover: Zahlen, Daten, Fakten

Eine Stadt in der Stadt

Am 8. März 1956 war es so weit: Das in der Rekordzeit von nur einem Jahr errichtete Werk der Volkswagenwerk GmbH nahm im Stadtteil Stöcken von Hannover seinen Betrieb auf. Die Fertigungshalle war seinerzeit die größte in ganz Europa. Unter dem ersten Werksleiter Otto Höhne wurde die Produktion des Bulli von Wolfsburg nach Hannover verlagert. Seitdem wurden neben dem Bulli in Hannover auch Käfer (1974–75), LT (1975–96), Taro (1989–95) und der Amarok (seit 2012) produziert. Das T-Modell war aber immer das meistproduzierte Fahrzeug. Am 8. März 2019 feierte man ein großes Jubiläum bei den Nutzis. Im VWN-Werk Hannover-Stöcken lief das zehnmillionste Fahrzeug, ein rot-weißer Neunsitzer T6 Caravelle, vom Band. Ab 2022 soll der vollelektrische ID BUZZ auf den Markt kommen und die Geschichte der Ikone Bulli fortschreiben.

Das Werksgelände liegt am Mittellandkanal, umfasst eine Größe von 1,1 Millionen Quadratmeter (circa 152 Fußballfelder) und misst eine Seitenlänge von gut 2,2 Kilometer. Dabei ist die beeindruckende Gebäudefront gar über einen Kilometer lang. Eines der Highlights der Produktion ist die wohl größte und modernste Servopresse Europas. Mit 194 Meter Länge, 42 Meter Breite und rund 30 Meter Höhe entspricht sie in etwa der Größe eines Kreuzfahrtschiffes. Die Pfähle für das Fundament reichen rund 35 Meter in die Erde. Die Gesamtpresskraft beträgt wuchtige 9.100 Tonnen.

Waren hier 1956 »nur« 4.000 Mitarbeiter beschäftigt, so arbeiten 2019 gut 14.500 Bulli-Bauer aus 50 Nationen am Standort Hannover, mit einem Durchschnittsalter von 43,9 Jahren. Zur Stärkung gehen sie in eines der sechs Betriebsrestaurants oder nutzen einen der 310 Verpflegungsautomaten. Die eigene Volkswagen-Currywurst (Original-Ersatzteilnummer 199 398 500 A) ist der absolute Bestseller. Pro Jahr werden mehr als 200.000 Portionen des Klassikers verspeist.

Das Werk Hannover ist in den Grundzügen heute noch zu erkennen, auch wenn es seit der Erbauung deutlich vergrößert wurde.

Ein besonderes Erlebnis für Kunden ist die Möglichkeit, ihren neuen Bulli direkt ab Werk im Kundencenter abzuholen. Im Rahmen der Übergabe gibt es eine Werksbesichtigung und natürlich den Genuss der VW-Currywurst.

14_T2 Kombi Last Edition

Eine alte Dame geht in Rente

Ende 2013 ging eine Ära der Automobilgeschichte zu Ende. Die Produktion des T2 wurde eingestellt. Seit dem 2. September 1957 wurde in São Bernardo do Campo der T2 als erster VW in Brasilien gebaut. Somit war der Kombi mit 56 Jahren das wohl am längsten produzierte Modell der Automobilindustrie. Zum Abschied gab es ein auf 1.200 Fahrzeuge limitiertes Sondermodell. Der »56 anos – Kombi Last Edition« wurde für umgerechnet 27.605 Euro nur auf dem brasilianischen Markt angeboten. Einige Händler in Europa haben sogar Fahrzeuge importiert, für Europa modifiziert und verkauft. Höchstpreise, die zum Spekulieren einluden, gab es aber nicht.

Die 9-Sitzer-Sonderedition bot exklusive Ausstattungsdetails, wie eine spezielle zweifarbige Lackierung in Blau-Weiß, Weißwand-Reifen und ein luxuriöses Finish im Innenraum. So waren die Vorhänge aus blauem Webstoff gefertigt, die Sitze wurden mit einem besonderen Vinyl bezogen, mit Kedern in Atlanta Blue abgesetzt, und die Mittelpolster waren blau-weiß gestreift. Für den perfekten Sound sorgte ein zeitgemäßes MP3-Radio. Die Fahrzeuge wurden mit einer Nummerierung auf einer Plakette aus gebürstetem Aluminium am Armaturenbrett und mit einem Authentizitätszertifikat geliefert. Aufkleber an den Außenseiten trugen den Schriftzug »56 anos – Kombi Last Edition«.

Im Gegensatz zu seinem Urahn verrichtete beim letzten T2 im Heck statt eines blubbernden Boxermotors nun ein moderner, sanft laufender 1,4-Liter-Total-Flex-Motor (EA111) sein Werk. Dieser leistete im Benzinbetrieb (E20) 78 PS.

_ 2013 endete die Ära des T2 in Brasilien. Die letzte Serie erstrahlte in einer ansprechenden Zweifarblackierung.

Bis zum Auslauf der Produktion war der Kombi aufgrund seines Raumangebotes und seines guten Preis-Leistungs-Verhältnisses eines der beliebtesten Fahrzeuge in Brasilien. Er musste nur aufgrund einer strengeren Zulassungsordnung vom Markt verschwinden. Wie sehr dies die Welt bewegte, zeigte die Berichterstattung zum Ende der Produktion. Bis in die Hauptnachrichten der größten Sendeanstalten der Welt schaffte es der T2. Zum Abschied gab es den sehr emotionalen Kurzfilm »Last Wishes«. Der letzte Kombi mit der Nummer 1200/1200 ging in die Sammlung von Volkswagen Nutzfahrzeuge Oldtimer und wurde schon auf vielen Treffen ausgestellt.

56
Kombi

15 Der T3 aus Südafrika

Powerbox vom Kap

Schon 1955 wurde der T1 im Werk Uitenhage in Südafrika produziert. Aber das Modell-Highlight der Geschichte des Bulli aus Südafrika ist sicher der T3. War er zu Anfang seinen europäischen Brüdern noch sehr ähnlich, entwickelte VW South Africa den Microbus beziehungsweise Caravelle ordentlich weiter. Da diese nur für den afrikanischen Markt waren, konnte man gezielt auf dessen Bedürfnisse eingehen, ohne Rücksicht auf europäische Abgasbestimmungen nehmen zu müssen.

Auf den ersten Blick ist der südafrikanische T3 kaum vom deutschen Modell zu unterscheiden. Kennern allerdings fällt sofort die geänderte Karosserie mit ihren größeren Seitenfenstern und den umgestalteten Lufteinlässen auf. Der untere Kühlergrill ist durchgängig von Blinker zu Blinker und damit eleganter als sein deutsches Pendant. Die luxuriösen Varianten hatten eine sehr umfangreiche Ausstattung. Mit gut funktionierender Klimaanlage, aber dafür nie mit Standheizung. Auch einen Dieselmotor gab es nie am anderen Ende der Welt. Denn beim Thema Motoren ging man Ende der 80er Jahre in Uitenhage ganz eigene Wege. So zeichnete sich immer mehr ab, dass die alten Wasserboxermotoren nicht mehr das Richtige für den Markt waren. Die Händler nahmen die fabrikneuen Motoren aus den Fahrzeugen und tauschten sie gegen Sechszylindermotoren anderer Hersteller aus, um dem Kleinbus mehr Temperament einzuhauchen. Dieser Trend blieb Volkswagen nicht verborgen, und so entwickelte man neue Motoren, die es ab 1991 gab. Die Reihenmotoren mit 1,8 Liter Hubraum hatten Vierzylinder und 70 kw, und die kernigen 2,5-Liter-Fünfzylinder brachten ganze 100 kw auf dem Prüfstand. Die letzten Modelle holten ihren röhrenden Klang aus einem 2,6 Liter großen Fünfender. Bei den Varianten gab man sich bescheidener. Es gab nur geschlossene Aufbauten in Südafrika. Aber bei der Namensgebung konnte man sehr kreativ sein. So hieß ein Personentransporter tatsächlich »Volksiebus«.

Auf den ersten Blick fallen bei den T3 aus Südafrika der durchgehende untere Kühlergrill und die größeren Fenster im Fahrgastraum auf.

Im Juni 2002 endete die Bulli-Ära in Uitenhage. Der letzte T3, ein goldener 2,6 Liter Microbus, lief vom Band. Nicht nur für die Fans des letzten Heckmotortransporters ein schwerer Tag, denn es war auch der allerletzte Transporter aus Südafrika. Der T4 wurde dort nicht mehr produziert. Einige wenige T3 aus Südafrika haben es nach Europa geschafft, und deren Besitzer fahren nun einen wirklichen Exoten mit genialem Klang, sodass man gar kein Autoradio mehr braucht.

100 000
288
100000

17 Carl H. Hahn

Der Weitsichtige

Dem 1926 geborenen Carl Horst Hahn wurde die Affinität zum Auto in die Wiege gelegt. Sein Vater war am Aufbau von DKW und der Auto Union beteiligt. Carl Horst Hahn studierte in der Schweiz, England und Frankreich. Diese Weltoffenheit sollte ihm später im Beruf sehr helfen. 1954 kam er zu Volkswagen und wurde Assistent des VW-Chefs Heinrich Nordhoff. Schnell zeigte sich das Talent von Hahn, und er machte im Vertrieb Karriere. Von 1959 bis 1964 war er Leiter von »Volkswagen of America«. Während der Käfer schon vor Hahn in den USA bekannt und beliebt war, machte er den Bulli populär. Er fuhr immer mit dem T1 Deluxe zu seinen Terminen, weil dieser so groß und komfortabel war. Und so konnte er seine Geschäftspartner immer wieder von den Vorzügen des Bulli überzeugen. Käfer und Bulli reiften während seiner Zeit zu Kultautos in den USA. Hahns Geschick hatte einen wesentlichen Anteil daran, dass VW mit seinen beiden Modellen große Exporterfolge im Land der unbegrenzten Möglichkeiten feiern konnte.

Hahn war aber auch ein früher Visionär der Globalisierung. Für VW war dies in den 70ern noch zu früh. Er schied aus dem Unternehmen aus und gab ein kurzes, aber sehr erfolgreiches Intermezzo bei der Continental AG, die er für den Weltmarkt fit machte. 1982 kam Hahn als Vorstandsvorsitzender zurück und stellte die Weichen für VW, ein Global Player zu werden. Er ließ weltweit neue Werke bauen und war der erste Manager der westlichen Automobilbranche, der den Sprung nach China wagte. Bis er 1992 sein Amt an Ferdinand Piëch übergab, war er auch für den Modellwechsel von T3 zu T4 verantwortlich und setzte »endlich« das Frontmotorkonzept um. Damit wurde der Bulli noch vielseitiger und schaffte so den Sprung in eine neue Generation, die ihn erfolgreicher werden ließ als alle Wettbewerber.

1986 läuft der 6-millionste Bulli vom Band. Die Festrede im Werk Hannover hielt kein Geringerer als Carl H. Hahn.

Anfang der 90er initiierte Hahn das Kunstmuseum in Wolfsburg, wo noch heute seine tägliche Arbeitsstätte ist. Der Mann ist auch mit über 90 noch extrem umtriebig. Nicht nur, was die Arbeit angeht. Er fährt Ski trotz künstlichem Kniegelenk und Oldtimer-Rallyes, bei denen er der Konkurrenz ab und an mal zeigt, dass man auch im hohen Alter noch eine Wertungsprüfung gewinnen kann. Sein Antrieb ist, auf der Höhe der Zeit zu sein und bewusst zu erleben, wie sich die Welt verändert und welche Vorteile das bringen kann.

VOLKSWAGEN
6 Millionen
VW - Trans

18 Dr. Bernd Wiedemann und die Marke VW Nutzfahrzeuge

Der Macher und Unternehmer

Bis 1995 waren die Nutzfahrzeuge Bulli und LT ein Teil der Volkswagen AG. Dies änderte sich am 1. November 1995 mit der Ernennung des damaligen Vorsitzenden der Geschäftsleitung, Bernd Wiedemann, zum Sprecher des Vorstands der Marke Volkswagen Nutzfahrzeuge (VWN). Damit wurde »Hannover« zu einer eigenen Marke, die aber im Gegensatz zu anderen Konzernmarken »Volkswagen« weiterhin im Namen und im Logo trug. Dies ist Fluch und Segen zugleich. Auf der einen Seite profitiert man bei den Nutzis von der Strahlkraft aus Wolfsburg, auf der anderen Seite werden sie oft nicht als eigene Marke wahrgenommen.

Dass VWN heute so erfolgreich ist, liegt wohl auch stark an Bernd Wiedemann. Bei seinem Eintritt gab es nur zwei Modelle, den Bulli und den größeren Bruder LT, der kurz vor dem Anlauf der zweiten Generation in Zusammenarbeit mit Mercedes entwickelt worden war. Wiedemann war seit 1971 bei VW tätig, bevor er VWN-Vorstand wurde. Er war studierter Maschinenbauer und in verschiedenen Bereichen der Entwicklung tätig. 1989 wurde er Vorstandsmitglied der Autolatina, eines Gemeinschaftsunternehmens von Volkswagen und Ford in Brasilien. Dort prägte er maßgeblich die Zukunft der leichten und schweren Nutzfahrzeuge von VW in Südamerika mit. Als Vorstand von VWN war er auch für den Bau des Werkes Resende in Brasilien verantwortlich und machte »Volkswagen Caminhões e Ônibus« zum lateinamerikanischen Marktführer bei den Lkw. In Europa baute er die Modellpalette weiter aus. Er gilt als Vater des Stadtlieferwagens Caddy und war auch an den ersten grundlegenderen Entscheidungen zur Entwicklung des Pick-up Amarok beteiligt. Die Marke wurde unter seiner Leitung immer größer und erfolgreicher. Die Zukunft des Unternehmens und seiner Mitarbeiter lag ihm dabei mehr am Herzen als die Vergangenheit.

Bernd Wiedemann nahm den Titel »Van of the Year« für den T5 freudestrahlend entgegen.

Wiedemann erhielt 2004 die Ehrendoktorwürde der BTU Cottbus. Welche Bedeutung er für die Nutzis hatte, zeigt die Tatsache, dass die Hauptstraße im Werk Hannover zu seinem Abschied 2007 in »Bernd Wiedemann Allee« umbenannt wurde. Seine Menschlichkeit verdeutlichen zwei Zitate, die ihm zugeschrieben werden: »Wir leben von geliehener Macht, und die endet am Werkstor!« Er wollte damit sagen, dass man sich immer bewusst sein sollte, wie man mit jemanden umgeht. Und: »Wie im chinesischen Waschsalon: No ticky – no washy«, um auszudrücken, dass Leistung auch bezahlt werden muss. Er war eben kein Manager, sondern Unternehmer.

VAN OF THE YEAR
Transporter
2004
TRANSPORTER

Individueller Offroad-Bulli: Höhergelegt und mit gekürztem Radstand ist er perfekt fürs Gelände.

SCHNELLER, WEITER, HÖHER – REKORDBULLIS

syncro
W8
4WD
Instrument cluster and engine harness by:
syncrosport
Lightweight SWB

Kurz, flach, schnell: Pritsche mit V8-Motor aus der Schweiz genießt den Auslauf auf dem Hockenheimring.

www.autoweibel.ch

19 Der LEGO®-Bulli

Spielend zum Rekord

Wenn es ein Spielzeug gibt, das Kinder und Erwachsene gleichermaßen fasziniert, so sind es wohl in vielen Fällen die Bausteine von LEGO aus Dänemark. Jahr um Jahr inspirieren die kleinen Steine Jung und Alt zu kreativen Modellen. Es ist immer wieder beeindruckend, was man alles aus LEGO erschaffen kann. Die vielen verschiedenen Bulli-Eigenkreationen aus den »Noppensteinen« haben eine beachtliche Anhängerschaft, im Internet gibt es große Fangruppen. In der Regel basieren die Werke auf dem 30 Zentimeter großen original Bausatz Nr. 10220 und bestehen somit aus 1.332 Steinen.

Nicht so bei Rene Hoffmeister und Pascal Lenhard. Diese beiden Männer machen das, wovon viele Kinder träumen. Sie sind professionelle LEGO-Modellbauer. Davon gibt es derzeit weltweit nur zwölf mit der Lizenz aus Billund, dem Hauptsitz von LEGO. Die beiden Baumeister haben in nur sechs Wochen mit rund 400.000 Steinen eine atemberaubende Leistung vollbracht. Sie nahmen sich den T2a Camper »Horst« von 1967 bis 1971 aus dem Fuhrpark von VW Nutzfahrzeuge Oldtimer zum Vorbild und bauten ihn mit den kleinen Plastiksteinchen detailreich nach. Bevor es an die Steine ging, wurde der Bauplan mit Hilfe eines CAD-Programms erstellt. Schließlich sollten ja auch die Proportionen inklusive Aufstelldach passen. Der LEGO-Camper misst über fünf Meter in der Länge, 1,90 Meter in der Breite und gut zwei Meter in der Höhe; das aufgestellte Dach ragt sogar fast drei Meter hoch. Damit passen die Maße des Modells zwar nicht 1:1, aber sie sind nah dran. Besonderen Augenmerks bedurfte die Steifigkeit des Fahrzeugs. So stellten die beiden Baumeister während des Zusammensteckens fest, dass die Fenster nicht dick genug waren, und plötzlich fehlten 20.000 transparente Steine. Das ganze Projekt geriet in Gefahr. Aber mit einer Sonderfahrt und vielen Nachtschichten konnte der faszinierende Bulli doch termingerecht fertiggestellt werden.

Der Traum von Groß und Klein. Einmal im Leben mit Legosteinen so etwas Großes schaffen. Dazu braucht man nur etwas Platz und 400.000 Steine.

Am 14. Februar 2019 wurde das 700 Kilogramm schwere Exemplar im Vorfeld der Messe »f.re.e« in München der Weltöffentlichkeit präsentiert. Das Video der Enthüllung erreichte bei Facebook mehrere Millionen Aufrufe und zeigt damit, wie sehr das Thema Bulli und LEGO die Menschen begeistert.

STE CAMPER AUS LEGO® STEINEN
#bulliweltrekor

20 Weltrekord Panamericana

Traumstraße im Zeitraffer

Es gibt Straßennamen, mit denen verbindet man sofort das Gefühl von Freiheit und Sehnsucht. Highway No. 1, Route 66, Seidenstraße und natürlich die Panamericana. Strecken fürs Sabbatical, die Elternzeit, für Rentner und Aussteiger – Menschen mit viel Zeit für die knapp 23.000 Kilometer von Alaska bis nach Feuerland. Dass man die Strecke auch in sehr kurzer Zeit schaffen kann, bewiesen gleich zwei T4 Multivan (Syncro mit 75 kw TDI) im Jahre 1999. Ein Männerteam, bestehend aus Matthias Göttenauer und Andreas Renz, startete am 24. September, und zwei Tage später fuhren Grit Marx und Tiziana Di Mari als Damenteam los.

Ihr Weg führte von Alaska durch Kanada, die USA, Mexiko, Guatemala, Honduras, Nicaragua, Costa Rica, Panama, Kolumbien, Ecuador, Peru, Chile und Argentinien bis nach Feuerland. Die Straßen in Nordamerika waren recht einfach zu befahren, schließlich gibt es nur etwas Schotterstrecke, und der Rest ist gut asphaltiert. Das Befahren der Strecke – Straße kann man die Wege oft nicht nennen – in Südamerika hingegen wurde mitunter zur großen Herausforderung. Verschlammte Fahrbahnen, Wasserdurchfahrten und Hochlandpässe müssen überwunden werden. Das Damenteam hatte besonders viel Pech und verlor aufgrund von weggespülten Straßen gut sechs Stunden Zeit.

Göttenauer und Renz erreichten am 11. Oktober nach unglaublichen 15 Tagen, 14 Stunden und 6 Minuten den Zielort, trotz Naturkatastrophen und langwierigen Grenzübertritten. Marx und Di Mari benötigten für ihre Nonstop-Fahrt von Prudhoe Bay in Alaska bis zum Zielort Ushuaia auf Feuerland 17 Tage, 11 Stunden und 29 Minuten. Beide Teams unterboten damit den bis dahin gültigen Rekord von etwas über 20 Tagen deutlich. Gleichzeitig war es das erste Damenteam, welches diese Rekordfahrt erfolgreich absolvierte. Die Fahrzeuge wurden für diese Herausforderung nur wenig modifiziert. Sie erhielten eine Fahrwerkshöherlegung, offroadtauglichere Reifen, Steinschlagschutz und Zusatzscheinwerfer. Die somit fast serienmäßigen T4 verbrauchten trotz der extremen Bedingungen nur 8,7 bis 9,3 Liter auf 100 Kilometer. Beide Bestzeiten wurden vom Guinnessbuch der Rekorde offiziell bestätigt und haben bis heute Gültigkeit. Der Bulli ist somit immer noch offizieller Guinness-Rekordhalter auf der Panamericana.

Glücklich am Ziel am Ende der Welt in Feuerland angekommen. Zurück ging es nicht nur mit dem Weltrekord, sondern auch mit einer Erfahrung fürs Leben.

NUEVO
RECORD MUNDIAL
ALASKA - USHUAIA
15 DIAS..
14 HORAS..
6 MINUTOS..
E
TDI

21 Der Limo-Bulli

Lang, länger, Limousine

Wenn man von einer großen Neuigkeit spricht, hat das nicht unbedingt etwas mit der Größe des Objektes zu tun, über das gesprochen wird. Bei diesem Bulli ist das aber anders. Er ist nicht groß, er ist riesig. Es gibt einige verlängerte VW Busse, aber dieser hier ist einzigartig.

Mit 44 Jahren erfüllte sich der Indonesier Yudi Yumos mit seinem Team den Wunsch nach einer 7,25 Meter langen Stretchlimousine, die aussieht wie ein T1. Es war nicht der erste Bulli, den Yumos umgebaut hat. Auf Basis brasilianischer Busse brachten er und sein Team schon viele individuelle Fahrzeuge auf die Straße, die später wie T1 Sambas aussahen. So war es auch hier ein brasilianischer Kombi, der als Basis diente. Von dem war nach dem 14-monatigen Umbau allerdings nicht mehr viel zu sehen. Der Rahmen, auf dem die Karosse sitzt, wurde verlängert und verstärkt. Massiver Stahlbau war nötig, um die Steifigkeit zu bekommen.

Sämtliche Karosseriebleche stellten die Tüftler selbst her, um genau die Optik des T1 zu erhalten. Wenn man es nicht weiß, wähnt man tatsächlich einen »echten« T1 vor sich. In dem für einen Samba typischen Zweifarb-Look erstrahlt die Limousine in ansprechendem Orange-Weiß und steht auf wenig bescheidenen 17-Zoll-BBS-Alufelgen in Gold/Chrom. In bewährter Zählweise ist es ein 41-Fenster-Bus. Davon sind ganze 22 an den Seiten zu öffnen, und 18 befinden sich im Dach. Es gibt natürlich auch ein Samba-Faltschiebedach, welches allerdings nur noch einen kleinen Teil des nun langen Daches öffnet. Innen hält die Limo, was sie von außen verspricht. Alles ist mit edelsten Materialien verkleidet und ausgestattet. Ein Partypalast auf Rädern mit Ambiente-Licht, Flachbildschirm, sattem Soundsystem, Deckenspiegel und natürlich einer Champagnerschale, um die Blubberbrause auch standesgemäß auf Temperatur zu halten. Damit die »Woo-Girls and -Boys« nie vergessen, in welchem Fahrzeug sie sitzen, steht unter dem Flachbildschirm eine Nachbildung der Limousine im Maßstab 1:18.

In der Seitenansicht wird die Länge und Präzision der Limousine deutlich. Eine Augenweide für jeden Betrachter.

Schon bei der Premiere 2015 auf dem Jogja VW Festival heimste Yumos gleich drei Preise für den Bulli ein. Sein 41-Fenster-Samba wurde rund um den Globus dank Social Media sofort berühmt und war damit die große Neuheit in der Bulli-Szene.

___ Eine 8,50 Meter lange luxuriöse T3 Limousine mit Straßenzulassung aus Berlin.

T3-LIMO.DE

22 Der T5 Porsche

Herzrasen aus Zuffenhausen

Was beim T3 noch recht nahelag, ist für einen T5 mit Frontmotor schon mehr als ungewöhnlich – ein Motoraustausch aus einem Teilchenbeschleuniger aus Zuffenhausen. Eine Idee für mehr Leistung für den frontangetriebenen Bulli hatten sicher schon viele. Einige setzten auf Motortuning oder gar potente Audi-Fünfzylinder-Motoren. Aber allen war eines gemein: Der Motor saß vorne. Nicht so bei dem Bus von Sven Thomsen aus Berlin. Er erschuf eine Fahrmaschine mit Heckmotor, wie ein klassischer Bulli. In grellem Vipergrün und optisch immer noch als T5 Bus erkennbar, ist er technisch ein interessanter Leckerbissen.

Wie es sich für einen »echten« Porsche gehört, hat sein T5 Heckantrieb und den Motor (natürlich) hinten. Dafür mussten die Karosserie verstärkt, der Rahmen des Fahrzeuges verändert und ein Motorraum geschaffen werden. In diesem kreischt nun ein Boxermotor aus dem 996 Turbo – mit 476 kW (oder in alter Währung: 647 PS) wohl ausreichend motorisiert für den Großeinkauf. Allerdings auch gut für einen Weltrekord: Im italienischen Nardò fuhr der Bulli von Sven 2009 sensationelle 310,7 km/h. Für diesen Rekord wurde der Motor auf wahnsinnige 890 PS gesteigert.

Wer so schnell unterwegs ist, muss auch vernünftig zum Stehen kommen. Für eine angemessene Bremsleistung sorgen über 390 Millimeter große Scheiben mit 6-Kolben-Bremssattel an der Vorderachse, hinten werfen »nur« 4-Kolben an 365-Millimeter-Scheiben den Anker in den Asphalt. Und unter der ehemaligen Motorhaube? Dort ist neben etwas Technik der Nahrungsgeber für das Biest im Heck untergebracht. Ein 100 Liter fassender Rennsporttank sorgt dafür, dass man sich nicht nur von Tankstelle zu Tankstelle katapultieren muss, sondern zwischen den Pitstops auch etwas Strecke zurücklegen kann.

Der Porschemotor im Heck katapultierte den giftgrünen Bulli zum Weltrekord in Nardò.

Der Innenraum ist der Fahrdynamik angepasst. Der Fahrersitz ist wie in einem Formel-1-Fahrzeug mittig untergebracht. Im Heck sind weitere Schalensitze für vier Passagiere, die eine Beschleunigung von 0 auf 100 km/h in 4,4 Sekunden erleben möchten. Das nennt man dann wohl Expressbus.

Continental
Auto Bild sportscars
TH 2 RS
WWW.THAUTOMOBILE.DE

— Mit viel Liebe zum Detail dekoriertes Armaturenbrett aus England.

FRISIERT, GETUNT, INDIVIDUALISIERT

THE WORLD'S GREATEST V-DUB DRIVER!!!

FELIX

Deutlich individueller als jeder Aufkleber auf der Heckklappe: die Besatzung auf der Stoßstange.

23 Das Dulca-Mobil

Der große Opernstar

Der Römersteinbruch in St. Margarethen in der Nähe von Wien ist seit 1996 mit 7.000 Quadratmetern eine der wohl größten Freiluftbühnen Europas. 2016 kamen jeden Abend die fast 5.000 Besucher der alljährlichen Sommer-Oper auch in den Genuss, einen VW Bulli zu erleben.

In der von Regisseur Philipp Himmelmann inszenierten Aufführung der komischen italienischen Oper »Der Liebestrank« von Gaetano Donizetti kam tatsächlich ein VW Bus in Übergröße zum Einsatz. Die Uraufführung war im Jahre 1832 in Mailand. Himmelmann transportierte das romantische und lyrische Stück optisch in die Zeit der 50/60er Jahre.

Der Bühnenbildner Raimund Bauer verwandelte die Bühne in eine überdimensionierte Wurlitzer-Musikbox. Im Mittelpunkt des Stückes steht eine Piazza, für den Regisseur ist dies die Musik, die durch den Plattenteller verkörpert wird.

Der Liebestrank wird von Doktor Dulcamara, einem reisenden Arzt und Quacksalber, verkauft. Sinnbild der Drogen waren in den 60ern die Hippies, und so kommt es, dass in dem Stück der Doktor stilecht mit einem T1-Camper mit Pauken und Trompeten in das Dorf einzieht, um seine Wundermittel anzupreisen. Wie es sich für einen Quacksalber gehört, stellt sich der Wundertrank allerdings als eine gewöhnliche Flasche Wein heraus.

Ein gigantischer Bulli aus Polyester und Aluminium verzauberte die Besucher der Oper im Steinbruch.

Der überdimensionierte Bulli ist mit einer Länge von 8,2 Metern, einer Breite von 2,9 und einer Höhe von 3,7 Metern fast doppelt so groß wie ein originaler T1. Aufgebaut wurde das Fahrzeug auf einem 7,5-Tonnen-Lkw-Chassis, das mit einem lautlosen Elektromotor angetrieben wurde, damit der Gesang nicht gestört wird. Der mit 2.000 Kilogramm sehr leichte Aufbau entstand aus Polyester und Aluminium nach der Vorlage eines Samba, der einem Angestellten aus dem Steinbruch gehörte. Wie sehr auch auf die Details geachtet wurde, zeigt das Kennzeichen: Dulca1. Wenn ein Wichtigtuer wie Dulcamara sich damals hätte ein Kennzeichen aussuchen dürfen, er hätte kein anderes gewählt.

24 Das Race-Taxi

Ein Bulli mit 530 PS

Was macht man mit 3.000 Stunden Freizeit, einem verunfallten Porsche 911 und Benzin im Blut? Fred Bernhard aus der Schweiz hat diese Frage für sich beantwortet und über sechs Jahre einen der wohl schnellsten Rundstrecken-Bullis der Welt gebaut. »Einfach mal sehen, was machbar ist« war die Devise, und so kam eines zum anderen. Fred fand einen 62er Kombi, passend zu einem verunfallten 993 Bi-Turbo. Nach einer intensiven Bestandsaufnahme stellte sich heraus, dass Fred für einen richtig schnellen Bus eine andere Bodengruppe benötigte. Das Spenderfahrzeug, ein T3, kam von seinem ebenfalls motorsportbegeisterten Bruder Markus. Um nun die neue Bodengruppe mit der Karosse des doch eher zierlichen T1 zu verbinden, musste Fred seine hohe Kunst als Spengler unter Beweis stellen. Er trennte den T1 in der Länge und Breite auf und verlängerte und verbreiterte ihn. Dadurch liegt der Bulli richtig satt auf der Straße, aber man muss schon zweimal hinsehen, um es zu realisieren.

Der gesamte Antriebsstrang mit Motor, Getriebe, Lenkung und Bremsen war die nächste Herausforderung. Bei diesem Gewerk halfen ihm Andreas Weibel, ein bekannter VW-Bus-Spezialist, der schon einige verrückte Umbauten gemacht hat, und Roland Zbinden, ein Porsche-Rennsport-Mechaniker. Nicht nur die beiden waren begeistert von dem Projekt von Fred. Auch die Zulieferer zeigten sich sehr aufgeschlossen, wenn Fred ihnen erzählte, wofür er die Teile brauchte, und halfen gerne mal mit guten Tipps und individuellen Teilen. Auch Jörg Hoffmann von dem Fahrwerkhersteller Bilstein erkennt das Potenzial des Projektes »Race-Taxi« und ermöglicht dem Schweizer, auf einer Veranstaltung zwischen vielen Porsches ein paar Runden zu drehen.

Schon nach der ersten Testfahrt wurde Fred so mit seinem anfangs noch schwarzen Race-Taxi zum Internetstar. Er fuhr auf der Rennstrecke einigen Porsches um die Ohren, und einer der Fahrer stellte davon ein Video online. Die Community war begeistert von dem Tracktoy, der im Gegensatz zu fast allen bis dahin getunten Bullis nicht nur einen potenten Motor aufwies, sondern ein richtiger Rennwagen ist. »Der Dicke«, wie Fred ihn liebevoll nennt, wird immer weiter optimiert. Inzwischen hat er schwindelerregende 530 PS. Wer einmal mit diesem infernalisch brüllenden Katapult in einem der sechs Schalensitze über die Rennstrecke gefahren wurde, wird dies nie wieder vergessen und sich immer mit einem breiten Grinsen daran erinnern.

Der Schweizer Fred Bernhard kreierte eine Fahrmaschine, die so manchem Supersportwagen schon das Fürchten lehrte.

5
www.race-taxi.ch
BILSTEIN

25 Die Rakete auf zwei Rädern

Bussprinter von der Insel

Für gewöhnlich haben Raketen keine Räder, und auch ein T1 bleibt in der Regel immer mit allen vier Reifen auf dem Asphalt. Wenn aber der VW-Bus-Freak Andy Morgan aus UK sich in den Kopf setzt, den schnellsten Kastenwagen für ein Beschleunigungsrennen auf der Viertelmeile-Strecke zu bauen, kommt dieser einer Rakete schon sehr nah. Auch wenn der Bulli keinen Düsenantrieb wie ein Kampfjet bekam, so pflanzte er mit seinem Team doch einen beeindruckenden Drei-Liter-Rennmotor in das Heck des T1.

Von Anfang an wurde der Umbau auf Leichtbau und Beschleunigung ausgelegt. Als Basis diente ein total verrotteter Kastenwagen, den Andy eigentlich als Teileträger aus den USA importierte. Die Karosse wurde bis auf das Nötigste ausgeräumt, verschiedene Blechteile durch leichtere aus Aluminium ersetzt und das Ganze durch einen Überrollkäfig stabiler gemacht. Die Verzögerung erfolgt bei dem 600-PS-Boliden mit Hilfe einer Vierscheiben-Bremsanlage, während das Schalten möglichst ohne Verzögerung erfolgen sollte, weshalb Andy sich für eine sequenzielle Schaltung mit hydraulischer Kupplung entschied. Der Pilot des in originalem Perlgrau lackierten Kastenwagens nimmt auf einem Rennschalensitz mit Vierpunktgurt Platz. Alle nötigen Informationen wie Öldruck, Temperatur und so weiter werden auf verschiedenen Instrumenten angezeigt. »Ready for take-off« sozusagen. Leider wurde genau das zur Katastrophe für Andy.

Bei dem Beschleunigungsrennen des VW-Action-Festivals auf dem Santa-Pod-Raceway sollte die erste Bestzeit in den Asphalt gefräst werden. Der Bulli rollte also an die Startlinie und beschleunigte so stark, dass die Vorderräder fast einen Meter in der Luft waren. Kurz drauf knallte der Bus wieder zurück auf die Vorderräder, und Andy zerbrach es den Rücken. Statt einer Bestzeit gab es fünf Wochen Krankenhaus und drei Monate Reha für ihn. Aber er hatte Glück im Unglück. Er hat keine bleibenden Schäden und konnte bald darauf wieder seinen Race-Bus optimieren. Zur Sicherheit wurde nun eine sogenannte »Wheelie-Bar« montiert, damit der Wagen nicht noch einmal so hoch aufsteigen kann. Es wurde weiter an der Performance gearbeitet, und inzwischen ist Andy auf der Zielgeraden. 2017 erzielte sein Bus auf dem »Flame and Thunder«, wieder in Santa Pod, eine Bestzeit von 11,24 Sekunden auf der Viertelmeile. Somit ist er am Ziel, und zwar ganz schön schnell.

Ready for take-off? So sieht es aus, wenn der hochmotorisierte T1 loslegt.

386 UYL
BUGS VW
Racing
POWERHAUS
icans
icans-energy.com
@jwaracing
THREE FISH
SIGN COMPANY
autocrafteng.co.uk
DREAM MACHINE
TRANSPORTER

26 Der Phoenix Van

Camper aus der Zukunft

Was auf dem Bild so aussieht wie ein »Transformers«-T3, ist in Wirklichkeit eine Art US-Kit-Car (also ein Auto-Bausatz) auf Basis des doch eher rundlichen T2. Das Modell gab es bereits Ende der 70er zu kaufen. Im Gegensatz zu einem »echten« Kit-Car bekam man beim Phoenix aber nur eine Bauanleitung und keine vorgefertigten Teile. 1977 vergab das Magazin »Popular Mechanics« den Auftrag an die Firma Quincy-Lynn, einen Selbstbaucamper zu entwickeln. Es sollte ein vollwertiges, aber kompaktes Wohnmobil sein, welches der ambitionierte Heimwerker für 2.000 Dollar mit viel Zeit umsetzen konnte. Als Basis diente immer ein T2 Kombi, bei dem der unermüdliche Bastler das »Häuschen« abflexen musste, bevor er mit dem Aufbau nach dem Bauplan beginnen konnte.

Etwas extrovertiert mussten Fahrer des Phoenix schon sein. Denn bereits beim Ein- und Aussteigen durch die wie bei einem Sportwagen nach oben aufgehenden Flügeltüren stand man auf dem Campingplatz im Mittelpunkt. Aber auch im geschlossenen Zustand wirkte der Phoenix futuristisch. Da der Van leer nur gut 1.000 Kilogramm wog, wurde er durch den 70-PS-Luftboxer im Heck schon fast zum Sportwagen – nun, zumindest zum Sportwagen unter den Wohnmobilen. Ein weiterer Vorteil war der wohl niedrigere Spritverbrauch im Vergleich zu ähnlich großen Fahrzeugen. Noch mehr Aufsehen erregte der Van aber im Campingmodus. Nachdem die Besitzer ihren Camper durch die Flügeltüren verlassen hatten, setzten sie mit dem folgenden Spektakel noch einen drauf: Das Dach des Heckbereichs wurde nach oben gedrückt und die Seitenwände ausgeklappt. Das Raumwunder wurde dann durch eine Zeltkonstruktion umhüllt, und es entstand ein Apartment für vier Personen. Zwei längs angeordnete Sitzbänke im Heck wurden nachts zu zwei Doppelbetten. Im Heck waren Küche und Kühlschrank untergebracht. Ausgeklappt betrug die Innenbreite sensationelle 365 Zentimeter.

So kantig wie ein T3, aber im Herzen ein T2. Der Do-it-yourself-Supercamper.

Es gab noch weitere ähnliche Fahrzeuge. Der Vorläufer des Phoenix war der Boonie Bug. Sehr ähnliches Design, aber der Radstand musste noch umständlich verkürzt werden. Dem Phoenix sehr ähnlich war auch der Letherbarrow beziehungsweise Renegade aus Südafrika. Das US-Magazin »Hot-VWs« widmete dem Phoenix Van sogar eine Titelstory und verhalf ihm so zur größten Popularität.

VWF-822

27 Polyroof

Die GFK-Künstler

1980 begann in Dransfeld bei Göttingen die Firma Polyroof mit der Fertigung von GFK-Teilen. Zuerst für Motorräder, aber schon kurze Zeit später wurden VW Busse zu Campern mit eigenem Hochdach ausgebaut. Dieses Hochdach zählt noch heute zu den schönsten je gebauten Dächern in der Campingbus-Szene. Die beiden Brüder Jürgen (Feinmechaniker) und Lothar (Karosseriebauer) produzierten die Dächer in einer noch nie da gewesenen Qualität. Unterstützt durch ihre Eltern, die sich um das Büro, die Näharbeiten und nicht zuletzt um das leibliche Wohl aller in dem noch kleinen Familienbetrieb kümmerten. Die ersten kompletten Camper auf T3-Basis wurden für die eigene Vermietung hergestellt. Dass die beiden GFK-Künstler dabei auch die Möbel aus ihrem flexiblen Lieblingswerkstoff entwickelten, war selbstverständlich. Die Polyroof-Vans Concord und Jet waren nicht nur durch das formschöne Hochdach ein Hingucker. Von den ungefähr 250 gebauten T3 hatten etliche auffällige Lackierungen und waren mit großen Van-Fenstern ausgestattet. Auch im Innenraum zeigten die beiden Brüder, was in ihnen steckt. So gab es verschiedene, teilweise auch untypische Grundrisse oder gar einen Küchenblock, der im Design den damals angesagten Colani-Objekten in nichts nachstand.

Das Geschäft boomte Ende der 80er so, dass man zu kreativen zeitoptimierten Maßnahmen im Betrieb kam. Es gab eine Art Pendelverkehr mit einem größeren Wohmobilausbauer aus dem Ruhrgebiet. Nachts fuhr ein T3 mit neuem Polyroof-Dach Richtung Ruhrgebiet, und der Ausbauer kam ihnen mit einem Blechdachfahrzeug entgegen. Auf der Hälfte der Strecke wurden die Fahrzeuge auf einem Autobahnparkplatz getauscht, sodass jeder am nächsten Tag seinen Teil an dem Ausbau vollziehen konnte.

In der Szene legendär ist die Qualität, mit der Polyroof arbeitet. Es gibt wohl keine Firma, die GFK-Dächer und -Teile mit so einer hohen Präzision entwickelt, herstellt und aufbaut. Die Oberflächen sind aalglatt und perfekt lackiert. Sämtliche Einbauten sind immer technisch bis ins Kleinste perfektioniert. Dass so viel Liebe zum Detail ansteckt, kann man daran sehen, dass nun die nächste Generation in den Startlöchern steht und anfängt, in den laufenden Betrieb einzusteigen. Da der Apfel nicht weit vom Stamm fällt, ist die Zukunft von Polyroof und der genialen Ideen wohl gesichert.

Das Ergebnis unzähliger Handwerksstunden – ein perfekter Polyroof-Van. Komplett mit Van-Scheiben und eigenem Hochdach.

28 Der T2-Elektro-Transporter

Zu früh für die Zukunft

Alternative Antriebstechniken waren Anfang der 70er Jahre auch in Deutschland ein sehr beliebtes Forschungsgebiet, denn die erste Ölkrise hatte zum Nachdenken angeregt. Die Ergebnisse waren nicht immer von Erfolg gekrönt – manches war seiner Zeit einfach voraus. Es gibt zwei Gründe, warum Innovationen sich oft nicht durchsetzen: gute Idee, aber die Technik ist noch nicht ausgereift, oder die Technik funktioniert, aber der Kunde ist noch nicht so weit.

Für einen Bulli mit Elektroantrieb gab es zu Beginn der 70er aber schon Interessenten. So zum Beispiel Energieversorger wie die Stadtwerke Stade. Sie erhielten den ersten E-Bulli. Mit rund 22 PS Dauerleistung sorgte der Motor für eine Höchstgeschwindigkeit von 75 km/h. Die 850 Kilogramm schwere Bleibatterie war unter dem höhergelegten Ladeboden auf einem Auszug montiert und ermöglichte eine Reichweite von 50 bis 80 Kilometern. Allerdings durften nur 800 Kilogramm geladen werden, und das auch nur, weil die Bodengruppe verstärkt wurde. Gepaart mit einem Anschaffungspreis, der gut das Vierfache eines Bulli mit konventionellem Benzinmotor betrug, waren die Aussichten, ein Bestseller zu werden, nicht gerade rosig. Dies ließ auch die Presse an dem möglichen Erfolg zweifeln. Zu teuer, zu kleiner Aktionsradius, zu schwer. Sie sollte recht behalten. Denn der Bedarf an sogenannten KEP-Fahrzeugen (Kurier-Express), die zur Paketauslieferung nur einen geringen Radius benötigen und keinen Kraftstoff verbrauchen, war schlicht noch nicht da. Genau darin sahen die Ingenieure von Volkswagen aber den Haupteinsatz: Der Bulli sollte ein Nahverkehrsfahrzeug für Ballungsgebiete sein.

Unendlich schwere Batterien und eine sehr geringe Reichweite waren nicht gerade Verkaufsargumente für den Elektro-Transporter.

Faszinierend ist aus heutiger Sicht, dass schon damals die Technik funktionierte. Wie beim Autoscooter beschleunigt der Motor sofort mit voller Leistung. Nur das Rückwärtsfahren erfolgte etwas reifenschonender als auf dem beliebten Fahrgeschäft: Statt das Lenkrad um 180 Grad zu drehen, betätigte man einen Schalter. Volkswagen wollte damals einen Denkanstoß liefern, wie die Mobilität unabhängig vom Erdöl aussehen könnte. Der Elektro-Bulli fuhr, er fuhr nur seiner Zeit voraus. Heute ist das Thema Elektromobilität aktueller denn je. Nur die kritisch gesehenen Themen sind geblieben: Zuladung, Reichweite und Kosten. Aber die Technik entwickelt sich immer weiter, und so scheint der ID Buzz ein würdiger Nachfolger zu werden.

„Er läuft,
und läuft,
und läuft…",
auch ohne
Benzin.
mit Strom
tfreundlich
80826 2

29 Die T3 Society

Edel und leistungsstark

Es gibt Clubs, in die kann man sich einkaufen, und es gibt Gemeinschaften, in die wird man berufen. So eine Gruppe von Freunden ist die T3 Society, und deren Fahrzeuge haben es sprichwörtlich in sich. Denn die Bullis sehen nicht nur gut aus, sondern haben auch antriebstechnisch wenig mit Serienfahrzeugen zu tun. Angefangen hat alles mit einer Idee, die aus einer Bierlaune geboren wurde: Ein Audi V8 sollte als Mittelmotor in einen T3 transplantiert werden. Kay Buchholz, seines Zeichens begnadeter Autoschrauber, pflanzte in die blaue DoKa von Patrick Jung den V8 mit einem Hilfsrahmen vor die Hinterachse. Das Ganze gleich mit dem Segen und einem Mustergutachten der DEKRA. So war der Weg geebnet, weitere Fahrzeuge umzubauen und auch rechtsgültig eingetragen zu bekommen. Es folgten Bullis mit V8-Motor aus dem Audi S8 oder gar Zwölfzylindermotoren. Mit einer schier unendlichen Leistung kratzen diese Boliden mit teilweise weit über 400 PS am Asphalt und pressen ihre Piloten in den Sitz. Aber auch an die Verzögerung haben die Jungs gedacht, denn die Absolution der DEKRA gab es nur mit der Auflage, ordentliche Bremsen einzubauen. Eine Aufforderung, der die Besitzer nur zu gerne nachgekommen sind. Sehen die dicken Bremssattel unter den bis zu 20 Zoll großen Felgen doch zusätzlich noch richtig gut aus.

Und gut aussehende Fahrzeuge sind Pflicht bei den Mitgliedern der T3 Society. Der Innenraum wird veredelt und nur mit feinsten Materialien versehen. Carbon, Leder und Alcantara sind dabei nahezu als Standard gesetzt. Die Mittelkonsolen reichen von edel geschwungen bis zu technokratisch mit einer martialischen Sportschaltung. Die Carbon-Veredelungen kommen meistens aus der Hand von Benny Kettner. Mit höchster Präzision fertigt er die individuellen Teile an.

Dass der T3 ursprünglich aber doch nicht für solche Geschwindigkeiten entwickelt wurde, merkt man, wenn bei über 200 km/h und etwas Wind die Türspalte so groß werden, dass man bequem durchgucken kann. Es geht gar nicht unbedingt um die Höchstgeschwindigkeit. Es geht um den Punch beim Beschleunigen, den Sound beim Fahren und darum, auszuprobieren, was technisch machbar ist. Mit diesem Hang zur Perfektion bei Technik und Optik kann sich die Szene noch auf viele Highlights der Mitglieder der T3 Society freuen.

Die T3 Society mit ihrer bunten Vielfalt an T3s mit Stil und potenten Motoren ist auch gern gesehener Gast auf Messen, Ausstellungen und Beschleunigungsrennen.

30 Dolly, die Sonntagsschule

Familienglück auf vier Rädern

Als die alleinerziehende Darlene auf der Suche nach einem Wohnmobil war, wollte sie eigentlich einen Kastenwagen oder ein großes Wohnmobil. Ihr begrenztes Budget ließ sie aber auch über den Tellerrand hinausgucken, und so weckte eine Anzeige im Internet ihr Interesse. Ein Winnebago Rialta auf Basis eines T4 mit VR6-Motor wurde mit nur 32.000 Meilen auf dem Tacho für weniger als 10.000 Dollar angeboten. Ein mögliches Schnäppchen also. Auf dem langen Weg zur Besichtigung wartete sie auf ein »Zeichen«, da sie kein Autoexperte war und Angst hatte, einen Fehlkauf zu tätigen.

Am Wohnmobil angekommen, gab es das gewünschte Zeichen tatsächlich. Auf der Seite prangte ein Aufkleber, der ihr bekannt vorkam. Er zeigte einen fischenden Jungen im Overall mit Hut. Das ist ein Symbol für Kentucky, und ebendieser Junge erinnerte Darlene an einen Amish-Jungen. Und Amish war auch ihr Vater!

Der Winnebago war kein gewöhnliches Wohnmobil. Er war im Innenraum zu einer mobilen Schule umgebaut. Die Schwestern der St.-Joseph's-Gemeinde nutzten ihn für die Sonntagsschule in den Bergen von Kentucky. Sie waren es auch, die neben dem Jungen Regenbogen auf den Lack malten. Das war das zweite Zeichen für Darlene, denn sie hilft ehrenamtlich in ihrem Ort in der »St.-Joseph's-Küche«, die Gratisessen an Bedürftige zu verteilen. Mehr brauchte Darlene nicht, um zu wissen, dass das ihr Camper sein sollte. Sie kaufte ihn ohne Probefahrt und Preisverhandlung, obwohl innen schon die Mäuse wohnten.

Zu Hause angekommen, entkernte sie den Wagen komplett und begann ihr Großprojekt. Sie machte einen wunderschönen Camper aus dem Rialta. Er bekam wieder eine Schlafmöglichkeit, eine Küche und viel Stauraum, denn er sollte ja zum Reisen dienen. Schon während der Umbauphase wurde der Wagen zum Familienmitglied. Sein Name: Dolly, benannt nach Darlenes reisebegeisterter, aber leider verstorbener Mutter. Allein im ersten Jahr fuhr Darlene mit ihren Kindern 5.500 Meilen kreuz und quer durch die USA. Am Heck mit dabei: ein bunter Roller und zwei Wildwasserkanus. Immer bereit, neue Abenteuer zu erleben.

Das lange Wohnmobil mit religiösem Vorleben dient nun Darlene und ihren Kinder für erlebnisreiche Urlaube. Inzwischen aber in neuem Design ohne Regenbogen …

31 Der DDR-Bulli

Mit Holz und Kreativität zum Bulliglück

Made in East Germany galt im Automobilsektor nicht gerade als ein weltweit begehrtes Prädikat. Anders als die Fahrzeuge aus dem Westen waren die Wagen aus der DDR eher in den sozialistischen Partnerstaaten beliebt und nicht unbedingt das, was man Exportschlager nennt. Umgekehrt war es in den 50ern schier unmöglich, in der DDR einen VW Bus zu bekommen. Erst recht für einen selbstständigen Fuhrunternehmer wie Alfred Eiselt. Denn Selbstständige galten im Arbeiter- und Bauernstaat grundsätzlich als suspekt. Somit blieb nur der Eigenbau, wie ihn wohl grob zwei Dutzend andere neben Eiselt durchgezogen haben.

Das Beschaffen der Teile dürfte in der Mangelwirtschaft ziemlich schwer gewesen sein, denn man tauschte seltene Teile im Osten Deutschlands meist nur gegen Naturalien oder harte West-Mark. Mit viel Geschick hat Eiselt es aber geschafft, alle Unwägbarkeiten zu meistern und seinen Bulli zu bauen.

Als Basis diente ihm ein Schwimmwagen, welcher nach dem Krieg nicht mehr in den Verkehr gebracht werden durfte. Da die Tragfähigkeit zu gering war, baute er einen Leiterrahmen, um die schwere Buskarosse aufzunehmen. Die Haube bestand aus einem Holzgerippe, welches mit Blech beplankt wurde, und genau so stand es auch in der Zulassungsbescheinigung: »Volkswagen Holzgerippe mit Blechbeplankung«. Als Hersteller kam VW in den Brief, weil der Motor aus dem VW-Schwimmwagen stammte. Die Optik des Vehikels war sehr nah an den westdeutschen Bulli-Bruder angelehnt, allerdings musste wegen fehlender Teile vieles improvisiert werden. Dass dies nicht immer zum Nachteil sein muss, zeigen die Kurbelfenster für die Passagiere im Fond, auf die der Westen beim Bulli noch heute vergeblich wartet. Auch die Serviceklappen für Arbeiten an Getriebe oder Anlasser waren eine sehr sinnvolle Individuallösung. Neben selbst gefertigten Teilen kamen Objekte von etlichen anderen Fahrzeugen zum Einsatz, wie die Räder und Rückleuchten vom Wartburg, die Blinker vom P70 oder der Tacho vom KdF-Wagen. Dieses Instrument hat sich mehrfach überrundet, denn die geschätzte Fahrleistung, die Eiselt damit in der Zeit von 1956 bis 1989 gefahren ist, wird auf gut 400.000 Kilometer geschätzt. Der Bulli war bei ihm täglich im Einsatz und wurde offensichtlich sehr gut gepflegt – nur so konnte er diese Laufleistung in einem so veritablen Zustand überstehen. Eiselt war eben nicht nur Erbauer, sondern auch Liebhaber seines DDR-Bulli.

Unverkennbar ist das Vorbild für den Holzbulli, der T1. Mit viel Geschick entstanden solche Fahrzeuge in der DDR.

32 Twinkle Light Cruise

Blinkend in die Herzen der Menschen

Es gibt Aktionen, bei denen sich viele fragen, warum da noch keiner früher drauf gekommen ist. Alexander Frank aus Wunstorf bei Hannover ist so ein Typ, der es nicht auf die lange Bank schiebt, wenn ihm etwas einfällt. So geschehen auch im Winter 2017. Damals sah er ein Video aus Mexiko, auf dem illuminierte Bullis in einer Parade, ähnlich den Coca-Cola-Weihnachtstrucks, zu sehen waren. Die Idee gefiel ihm, sofort setzte er sich mit seiner Frau Katrin in der heimischen Scheune dran und bastelte mal wieder wild drauflos.

Viele Meter Tesafilm, Lichterketten und eine Autobatterie später war das Prachtstück fertig. Sein 76er T2 aus Brasilien funkelte mit Hilfe von gut 5.000 LEDs wie eine Discokugel in »Saturday Night Fever«. Viel zu schade nur für die eigene Scheune, und so ging es in die große Stadt, nach Hannover. Die Resonanz war riesig, Hunderte strahlende Gesichter und Fotos von Passanten. Ein paar Bilder von der Aktion landeten im Internet und gingen blitzschnell um die Welt. TV-Sender und Messeveranstalter wurden auf den funkelnden Bulli aufmerksam. Bei dem Echo wurde Alexander schnell klar: Das darf keine einmalige Aktion bleiben, und so wurde die Idee zur Twinkle Light Cruise geboren und sofort der Termin für das folgende Jahr bekannt gegeben.

Am 21. Dezember 2018 war es dann so weit. Vor dem Rathaus in Hannover fanden sich 15 leuchtende Bullis ein. Auch ein großer Lkw eines Abschleppunternehmens, das die Aktion toll fand, nahm mit Lichterketten dekoriert an der Ausfahrt teil. Nach einem ausgiebigen Fotoshooting startete der Korso durch die City der Landeshauptstadt. Die Blinki-Bullis machten vor der Oper, dem Maschsee und dem Werk von Volkswagen Nutzfahrzeuge im Stadtteil Stöcken halt. Dabei eroberten sie die Herzen der Hannoveraner und lösten eine Welle der Begeisterung im Internet aus.

Mit funkelnden Lichtern durch die Stadt. Die Bulliparade verzaubert die Zuschauer am Straßenrand.

Wenn es nach dem Wunsch der Beteiligten und der Zuschauer geht, wird aus der Twinkle Light Cruise eine regelmäßige Veranstaltung – getreu dem Motto: Ah, ha, ha, ha, stayin' alive ...

H VW 838H
H VW 917

Wüstenschiff:
Expeditions-DoKa mit
Fernwehbemalung.

MIT DEM BULLI UM DIE WELT

WESTFALIA

Immer der Sonne entgegen. Freiheit auf vier Rädern mit dem Bulli – immer ein Genuss.

33 Die Reise der Romy Schurhammer

Wagemutig auf das Dach der Welt

Ist das Reisen heute vielleicht auch nicht mehr in so vielen Ländern möglich wie Ende der 50er Jahre, so fällt die Vorbereitung auf das Abenteuer doch deutlich leichter. Dank Internet und Streetview kann man nahezu alle Straßen der Welt vorab virtuell bereisen und sich über Foren und Blogs bestens informieren. Vor fast 60 Jahren war das noch ganz anders. Heute kann man sich kaum vorstellen, wie sich 1959 die damals 21 Jahre alte Journalistin Romy Schurhammer allein auf den Weg nach Indien machte. Wagemutig, ohne zu wissen, was alles an Abenteuern auf sie zukommen wird, fuhr sie von Deutschland über Jugoslawien in den Iran und von dort weiter nach Afghanistan, Indien, Thailand, Vietnam, Laos und Japan. Ihre Reise wäre aber schon fast in Afghanistan zu Ende gewesen, als ein geistlicher Würdenträger eines kleinen Ortes wenig amüsiert darüber war, dass Romy allein unter Männern in der lokalen Teestube zu Gast war. Besänftigen konnte sie ihn nur mit ihrem Glücksbringer, einer Miniaturausgabe des Koran, so groß wie ein Daumennagel. So »durfte« sie ihre Reise fortsetzen.

Fast ein Jahr lang und 14.000 Kilometer dauerte die Reise durch die weite Welt der zierlichen Journalistin. Als Gefährt diente ihr ein von ihr selbst umgebauter T1, den sie nach dem Schutzpatron der Brücken liebevoll »Nepomuk« getauft hatte. Mit seinen 30 PS brachte Nepomuk sie in die entferntesten Winkel und zu wirklich bedeutenden Persönlichkeiten. So traf sie den frisch geflüchteten Dalai Lama in Nordindien und berichtete für »Badische Neueste Nachrichten« aus seinem Exil. Dort begegnete sie ebenfalls dem bekannten Bergsteiger Heinrich Harrer und dem damaligen Ministerpräsidenten Pandit Nehru. Der Kontakt zum Dalai Lama hielt sogar noch bis in die 2000er Jahre hinein.

Die Journalistin war Vorreiterin für eine ganze Generation und machte Mut, sich auf die Reise zu begeben.

Über ihre abenteuerliche Fahrt veröffentlichte Romy nach ihrer Rückkehr einen Reisebericht unter dem Titel »Guten Tag, Pazifik«. Dieser Bericht wurde später zum Manifest für viele, die sich auf den Weg nach Indien machten. Ihren Bulli verkaufte Schurhammer 1959 in Laos. Aber ihre Abenteuerlust hat sie über all die Jahre nie losgelassen, und das Reisen hat sie bis ins hohe Alter jung gehalten. Ihr Bericht war eine Ermunterung, sich auf den Hippie-Trail zu machen.

34 Live2Drive

Das Abenteuer ihres Lebens

Manche Geschichten fangen einfach nur skurril an. Stell dir vor, du bist bei einem Freund in einem anderen Land zu Gast, gehst dort aufs Klo, guckst dich um und siehst ein Plakat von einem VW-Treffen. An sich nichts Ungewöhnliches, würdest du nicht aus Malaysia kommen und gerade in Indonesien auf dem Thron sitzen und das Plakat von einem VW-Treffen in Deutschland, 18.000 Kilometer weit entfernt, stammen. So erging es Stephen Pang aus Malaysia, als er seinen Freund Yanto besuchte. Dieses Bild ließ ihn nicht mehr los, und er entschied: »Da muss ich hin.« So wurde die Idee geboren, mit dem Bulli auf dem Landweg die Strecke von Kuala Lumpur nach Hessisch Oldendorf zum VW-Veteranen-Treffen zu fahren. Zurück zu Hause suchte Stephen weitere VW-Verrückte, die Lust auf diese Tour hatten. Schnell wuchs die Gruppe auf fünf Personen und vier Fahrzeuge. Neben Stephen in seinem T1 »Flying Ace« bildeten Cliften mit seinem T2 »Rusty«, Terence mit seinem T1 »Puch« und Monica und Udh Aya mit dem Käfer »Nana« die Reisegruppe.

Da das Ganze auch noch einem guten Zweck dienen sollte, gründeten sie die Aktion »Live2Drive«. Sie sammelten Spenden für bedürftige Kinder, besuchten Schulen und motivierten die Kinder, achtsam durchs Leben zu gehen, mit dem Mut, ihre Träume zu verwirklichen.

Die abenteuerliche Fahrt ging von Malaysia über Thailand, Kambodscha, China, die Mongolei und Russland Richtung Europa. Übernachtet wurde größtenteils in den Bullis, Monica und Udh Aya schliefen tatsächlich fast immer in ihrer »Nana«. Der für solche Reisen inzwischen schon obligatorische Blog wurde von immer mehr Menschen verfolgt, je weiter die fröhliche Truppe Richtung Europa kam. Und die VW-Fangemeinde empfing die »Crazy-People« mit offenen Armen und überwältigte sie mit ihrer Gastfreundschaft. So gab es schon bald mehr Einladungen für Übernachtungsplätze, als sie wahrnehmen konnten. In allen einschlägigen Medien wurde über sie berichtet. Bei Volkswagen Nutzfahrzeuge in Hannover durften sie mit ihren Fahrzeugen sogar ins Werk fahren. Sozusagen an den Geburtsort der Bullis. Von dort ging es dann am 15. Juni 2017 auf das Veteranentreffen in Hessisch Oldendorf. Unter großem Jubel fuhren sie in den historischen Ortskern ein. Sie wurden zu Helden des Treffens und der europäischen VW-Szene, von denen man noch Jahre später spricht.

Es war die Reise ihres Lebens. Auf dem Landweg von Malaysia nach Europa erlebten sie mit ihren drei Bullis und dem Käfer unendlich viele tolle Geschichten und besuchten auch das VW-Werk in Hannover.

Kunden Center
Nutzfahrzeuge
Volkswagen Classic Parts
MB 4011
BAX 9961

35_ AntsyVan

Weltreise im T2

AntsyVan – das Lebensprojekt eines jungen belgischen Paars: Alison und Martin. Zwei entdeckungsfreudige Globetrotter, die neben ihrer Liebe auch die Begeisterung fürs Reisen eint. Nach monatelangen Vorbereitungen machten sie sich 2017 auf, die Welt an Bord eines T2 zu umrunden, um der Eintönigkeit des Alltags zu entkommen. Wie bei den meisten »Overlandern« reifte die Idee zur »Flucht« aus dem Alltag bereits eine Zeit lang, als Martin, ein Fan alter Autos im Allgemeinen und von VW im Besonderen, vorschlägt, sich an Bord eines Vans seiner Lieblingsmarke auf Abenteuertour zu begeben. Alison ist sofort begeistert, und das junge Paar macht sich auf die Suche nach dem idealen Wagen. Dass es ein Bulli sein sollte, stand fest. Nur welcher? Nach intensiver Suche fanden sie einen in den USA zum Campingbus umgebauten T2 Riviera, Baujahr 1972.

Nach Abschluss zahlreicher Restaurierungsarbeiten an der Karosserie und Technik begeben sich die Weltenbummler 2017 an Bord eines Frachtschiffs in Richtung Uruguay. Nach einer 32-tägigen Schiffsreise kommen Alison und Martin endlich an ihrem Bestimmungshafen an. Die Fahrt kann beginnen! Auf dem Programm: Südamerika (Argentinien, Paraguay, Bolivien, Kolumbien), Mittelamerika (Panama, Costa Rica, Nicaragua, El Salvador), Mexiko und USA. Als sie in Kanada ankommen, treten bei Martin beunruhigende Symptome einer Tropenkrankheit auf. Schweren Herzens stellt das Paar den Van bei Freunden unter und reist für die ärztliche Behandlung zurück nach Belgien. Glücklicherweise erholt sich Martin schnell, und die beiden Abenteurer kehren schon bald nach Kanada zurück, um das Abenteuer Weltreise zu beenden. Von den USA wurde der AntsyVan nach Kambodscha verschifft, während Alison und Martin die Gelegenheit dazu nutzten, Thailand zu besichtigen. Anschließend setzten sie ihre Tour im Bulli fort – auf dem Plan standen Kambodscha, Laos, China, Mongolei, Russland, Kasachstan und schließlich Schweden.

__ Die beiden Belgier umrundeten den Erdball mit ihrem Bulli und ließen die Welt daran teilhaben.

Wenn es auch so manche administrative Widrigkeit und Unwägbarkeit gab, war es für die beiden doch in erster Linie eine Reise mit unzähligen schönen Begegnungen und ohne Zweifel ein außergewöhnliches Abenteuer. Und der AntsyVan? Er funkelt mehr denn je, bereit, neuen Abenteuern entgegenzufahren.

RN 40
4601

CARTA TURISTICA DEI LAGHI
CARTA TURISTICA
LAGO MAGGIORE
LAGO DI LUGANO
LAGO DI COMO

Zeitreise: mit analogem Navigationssystem zum Gardasee.

36 Als wir jung und frei waren

Aus dem Leben eines Hippies

Der dynamische Rentner und Alt-Hippie Neil Resnick steht auf einem Parkplatz am Highway No. 1 vor einem T6 California, als er mit leuchtenden Augen von seiner Zeit mit dem Bulli erzählt: »Ich bin mir nicht sicher, ob sich die Temperatur veränderte, als ich das Dreiecksfenster öffnete und mir die Luft bei 55 Meilen pro Stunde entgegenströmte, oder ob es bei gut 40 Grad einfach nur eine Illusion war während meiner Fahrt von Los Angeles durch die Wüste nach Las Vegas. Aber so begann eine Überlandfahrt, die mich mit meinem selbst umgebauten VW Bulli auf der Interstate 15 von Kalifornien gen Osten trieb.

Die Leute nennen mich heute einen »alten« Hippie. Als ich Mitte 20 war und meine beiden Volkswagen-Busse besaß, wurde ich nur Hippie genannt. Langes, welliges Haar und ein kastanienbrauner Bart waren die Zeichen meiner Gegenkultur. Aber noch mehr war es die Tatsache, dass ich ein Vagabund war und die Freiheit liebte. Wann immer ich konnte, war ich auf der Straße. Dank der VW Camper hatte ich die einmalige Gelegenheit, alle 48 »unteren« Bundesstaaten der USA zu bereisen. Meine provisorische Küche und mein mit Schaumstoff ausgelegtes Sperrholz-Bett waren immer eine perfekte Erholung nach einem langen Tag auf der Straße. Ich hatte es nie eilig, an ein Ziel zu gelangen, denn das Abenteuer war der Tag auf der Straße. Somit war ich eigentlich schon am Ziel, bevor ich losgefahren bin.

Das Größte daran, einen VW Bus zu besitzen, war das Gefühl, frei zu sein. Der Weg war das Ziel, nicht nur von mir, sondern von einer ganzen Community, die mit ihren Bullis unterwegs war. Oft fand ich mich abends auf einem Campingplatz, umgeben von anderen Volkswagen-Campern. Der Bulli identifizierte den Fahrer und die Passagiere sofort als Gleichgesinnte. Wir verbrachten die Abende damit, die Karten des Gebiets zu durchsuchen, um herauszufinden, was das nächste Ziel sein könnte, sei es ein Aussichtspunkt, ein Wasserfall, eine historische Markierung oder nur der nächste Nationalpark. Oft wachte ich am nächsten Morgen mit einer Karawane von neuen Freunden auf. Meine Bullis waren mehr als Autos. Sie waren eine Lebenseinstellung in einer unbeschwerten Zeit. Der perfekte Partner, um mir zu helfen, meine Reise als Zwanzigjähriger zu erleben. Ich werde diese Erlebnisse nie vergessen und immer in Erinnerung bewahren.«

Nach fast 50 Jahren trifft Neil auf den neuen California und ist begeistert.

37 Pandilea

Drei Schweizer in Amerika

Die Schweizer Pamela Hutter-Bianchini (32), ihr Ehemann Andreas Hutter (40) und die Hündin Kalea haben 2014 aus ihren Namen den Begriff »Pandilea« für ein Projekt kreiert: Sie sind auf Fernreise mit ihrem VW Bus gegangen, um den amerikanischen Kontinent zu entdecken. Ihre Familien waren alles andere als begeistert und machten sich große Sorgen um ihre Lieben, hört man doch immer wieder von Übergriffen auf Reisende in lateinamerikanischen Ländern. Die beiden waren aber schon vor der Fahrt mit dem Bulli ausgesprochene Reiseprofis und wussten ungefähr, auf was sie sich da einließen. Um die Reise zu realisieren, wurde jeder Franken auf die Seite gelegt, der Hausstand verkauft und zu Beginn der Fahrt der Job gekündigt.

Bereits zwei Jahre vor der Abfahrt hat das Paar seinen T3 Syncro gekauft und aufwendig auf den Trip vorbereitet und an die Bedürfnisse angepasst. Ihre Reise auf dem amerikanischen Kontinent haben die beiden in Buenos Aires begonnen und seitdem eine Strecke von über 200.000 Kilometern durch 17 Länder zurückgelegt. Dabei finanzieren sie sich aus den gesparten Reserven und aus den Erlösen ihres Pandilea-Onlineshops, der Merchandisingartikel anbietet. Im Internet berichten sie über ihre Erfahrungen und geben Tipps für andere Reiseinteressierte. Zusätzlich wird immer mal wieder für Kost und Logis bei Einheimischen gearbeitet. Die beiden haben fast nur freundliche und hilfsbereite Menschen kennengelernt und Freundschaften in vielen Ländern geschlossen. Dass trotzdem nicht immer alles nach Plan verläuft, mussten die beiden erleben, als sie mit einem Getriebeschaden liegen blieben und mit einem Mietwagen 4.000 Kilometer fahren mussten, um das nötige Ersatzteil zu holen. Anschließend konnte die Tour Richtung Karibik fortgesetzt werden.

Drei Schweizer auf Entdeckungsreise mit ihrem T3 Syncro durch Amerika.

Auch wenn sie zwischendurch mal das Heimweh plagt, möchten sie noch nicht zurück, und dank des Internets kann man mit den Lieben zu Hause ja auch in Kontakt bleiben. Da sie flexibel sind, ergeben sich immer wieder neue Möglichkeiten, ihr Abenteuer weiter auszubauen. Im Sommer 2019 leiteten sie stellvertretend mehrere Wochen für ein befreundetes Paar ein Hotel in Mexiko. Anschließend ging es wieder Richtung USA, auf unbestimmte Zeit. Denn auch wenn der Raum im Bulli begrenzt ist, er ist ihr Fluchtmobil aus dem System und ihr Kokon für ein unvergleichliches Für- und Miteinander.

PANDILEA
THERUSTYVW.COM

38 Das passende Zeitfenster

Mit dem T6 im Iran

Es gibt Länder, in die konnte man in den 60er und 70er Jahren bedenkenlos reisen. Sie galten als »gesetzt«, wenn man als »Overlander« mit dem VW Bus unterwegs war. Der Iran war so ein Ziel. Fast jeder, der auf dem Hippie-Trail oder Ähnlichem war, kam in oder durch den Iran und war begeistert von der Gastfreundschaft und der Natur. Leider veränderte sich die Lage im Land, sodass es mehr und mehr von der Liste der als sicher zu bereisenden Länder verschwand. Über 30 Jahre lang machte man eher einen Bogen um den Iran. Zu groß war die Angst vor den möglichen Sicherheitsrisiken.

Als sich 2015 abzeichnete, dass sich die Lage deutlich entspannte, ergriffen Melina und Matthias die Chance und machten sich 2016 sehr schnell auf den Weg, den Iran neu zu entdecken. Mit einem T6 California ging es auf dem Landweg von Deutschland durch Ex-Jugoslawien und die Türkei. Die insgesamt über 10.000 Kilometer lange Strecke bot so manche Überraschung. So mussten sie erfahren, dass man in Griechenland keinen Kraftstoff im Kanister ins Land einführen darf und dass ein Autozug keine wirkliche Alternative zur Straße ist, denn er hat keineswegs etwas mit der Faszination des Orient-Express zu tun.

Im Iran »erfuhren« sie die Straßen und Pisten des Landes. Bewunderten die Schönheiten Isfahans, wie den über 500 Meter langen Meidān-e-Emām-Platz, der zum UNESCO-Weltkulturerbe zählt. In Schiras war die Zitadelle des Karim Khan einen Stopp wert, und sie durchquerten die Wüste Lut. Die 166.000 Quadratkilometer große Wüste gehört zu den heißesten Orten des Planeten. Den höchsten jemals dort gemessenen Wert von 78,2 Grad Celsius mussten sie glücklicherweise nicht ertragen. Aber auch die erlebte Höchsttemperatur von »nur« 55,5 Grad ließ sie ganz schön schwitzen. Mehr als die Sorge, dass der moderne Motor mit dem minderwertigen Kraftstoff nicht klarkommt. Zur Sicherheit haben sie den lokalen Diesel mit »hippiegerechtem« Sonnenblumenöl gemischt und kamen so ohne Probleme durch das Land. Und egal, wo sie mit ihrem California auftauchten, sie waren schnell umlagert von freundlichen und interessierten Einheimischen, die deutlich weltoffener waren, als ihnen ihr Ruf nachsagte. Damals wie heute öffnet der Bulli die Herzen der Iraner und ermöglicht ein friedliches Miteinander der Kulturen.

Mit dem T6 California durch den bezaubernden Iran fernab jedes Massentourismus.

H NT 211

39 Ladies Get Lost In Adventures

Mit Günni um die Ostsee

Einfach eine Auszeit nehmen und gemütlich an die Ostsee cruisen kam für die drei Hamburger Mädels Celina, Lara und Melinda nicht in Frage. Es sollte etwas mehr sein als nur ein Urlaub. Ein Abenteuer, bei dem man auch noch Spenden sammelt. Zu diesem Ansinnen passte die »Baltic Sea Circle«-Rallye perfekt. Denn bei dieser Rallye, die es seit mehr als zehn Jahren gibt, geht es nicht um Bestzeiten, sondern um das selbstständige Entdecken der circa 7.500 Kilometer langen Route um die Ostsee. Der Ehrenkodex besagt: kein GPS, kein Navi und keine Autobahn. Das Ganze mit einem mindestens 20 Jahre alten Fahrzeug und garniert mit Sonderprüfungen, bei denen die Redakteure der Sendung »Zimmer frei!« ihren Spaß gehabt hätten.

Auf so einen Trip begibt man sich am besten nur als eingespieltes Team, denn in den 16 Tagen, die die Rallye dauert, lebt man auf sehr engem Raum mit wenig Privatsphäre. Die drei hängen schon seit der Krabbelgruppe zusammen. Die Schwestern Melinda und Celina wohnen sogar heute noch mit Lara in derselben Straße eines kleinen Dorfes bei Hamburg, in der sie aufgewachsen sind, und haben ihren Teamgeist während ihrer Jugend beim gemeinsamen Handballspielen trainiert. Es bedurfte nur noch eines Fahrzeuges. Da sie keine Lust auf Zelten hatten und eine rollende Unterkunft mit Stauraum und Platz für drei suchten, die auch noch zuverlässig sein sollte, kamen sie auf den VW Bus. In ihrem Fall einen T4 in Froschgrün, den sie Günni, nach Janoschs »Günter Kastenfrosch«, nannten.

Die Rallye ging von Hamburg über das Nordkap, Russland und Kaliningrad einmal um die Ostsee und zurück nach Hamburg. Dabei galt es, so manche Herausforderung zu überwinden. In St. Petersburg legten sie den Stadtverkehr lahm, weil ihre Unterkunft eine Höhenbegrenzung an der Einfahrt hatte. Die drei mussten erst einmal alles vom Dach abladen und in den Innenhof tragen, bevor sie den Wagen von der Straße holen konnten. Ihren Teamnamen »LadiesGetLostInAdventures« wählten sie, weil man sich auf der Rallye in den Abenteuern und Eindrücken verlieren kann. Und es sollte eine Anspielung auf das mögliche »Verlorengehen« sein, weil sie nur eine Landkarte nutzen durften. Mit dem Klischee kokettierten sie also, aber die Sorge war natürlich unberechtigt. Der Teamname kann somit auch als Aufruf an alle Mädels verstanden werden, sich mit dem Bulli auf ins Abenteuer zu machen.

Die drei Mädels aus Hamburg waren die Sieger der Herzen auf der »Baltic Sea Circle«-Rallye.

www.auto-thomsen.de
hella
VON
GRUND
AUF
FRISCH.
motoflex
www.spielplatzwartung-hamburg.de
HDI
GRAHAM HILL
BALTIC SEA CIRCLE 2018
006
ADVENTURE RALLY
#LADIESGETLOSTINADVENTURES
THE BALTIC SEA CIRCLE
S.A.C.
2018

40 Abgebrannt in Bosnien …

… oder: Ein ganzes Dorf hilft

Was sich erst mal nach einem Studentenabenteuer anhört, in dem jemand ohne Geld in Bosnien gestrandet ist, war für eine junge Hamburger Familie alles andere als ein kleiner Fauxpas in der Kalkulation der Reisekasse. Britta und ihr Mann wollten mit der siebenjährigen Tochter und dem einjährigen Sohn auf einen sechs Wochen langen Trip nach Ex-Jugoslawien fahren. Dafür hatten sie im Sommer 2018 ihren T4 California Club gegen einen Karmann Gipsy auf T3-Basis eingetauscht, weil dieser mit dem Alkoven und Bad deutlich mehr Platz und Komfort bot. Das Fahrzeug war ein Glückstreffer, denn der Aufbau war in einem außerordentlich guten Zustand. So verliefen die ersten drei Wochen auch wie erwartet. Der Wasserboxer blubberte im Heck vor sich hin und brachte sie an die schönsten Ecken, bis sie in das Dorf Nova Bila, irgendwo im Nirgendwo circa 80 Kilometer nördlich von Sarajevo, kamen.

Britta saß bei brütenden 35 Grad am Steuer des Mobils, neben ihr das Baby, Tochter und Vater schlummerten hinten auf den Sitzen, als direkt hinter dem Ortseingangsschild ein Hupkonzert ertönte und sie im Rückspiegel eine Rauchwolke sah. Sofort stoppte sie den Gipsy und stieg aus. Als sie realisierte, dass der Wagen brannte, zerrte sie die restliche Familie aus dem Fahrzeug, fast zeitgleich waren schon mehrere Nachbarn am Auto und versuchten, den Brand zu löschen. Todesmutig gingen die Helfer in den Aufbau, um das Hab und Gut der Familie zu retten. Die regionale Feuerwehr kam mit ihrem Löschfahrzeug, einer deutschen Werksfeuerwehr aus den 80ern.

Das erschreckende Ende einer erlebnisreichen Urlaubsreise, das einmal mehr zeigte, wie wichtig Hilfsbereitschaft ist.

Beeindruckend hilfsbereit waren die Bewohner der Gegend. Sie versorgten die Kinder mit frischer Kleidung und organisierten der Familie ein Hotelzimmer, brachten sie hin und her, liehen ihnen für die ersten Tage ein Auto und versorgten sie mit Essen und Trinken. Die selbstlose Fürsorge der Nachbarn lässt erkennen, welche Vergangenheit das Land durchmachen musste und darum weiß, wie wichtig Hilfe in einer Notlage ist. Der T3 wurde per Transporter wieder nach Deutschland gefahren. In der Hochsaison war es sehr schwer, ein Ersatzfahrzeug zu bekommen. Aber auch hier konnten die Bosnier helfen. Sie besorgten ihnen einen Leihwagen. Sogar einen Bulli, einen T5, der schon in Schweden als Taxi gelaufen war. Und dieser hatte noch über 200.000 Kilometer mehr auf dem Tacho als ihr weit gereister T3.

KARMANN
KARMANN

41 Gebrauchtkauf mit Selbstabholung

Abenteuer inklusive

Leander studierte in Südafrika und kaufte in Tansania einen T3 Syncro, der zum Fernreisemobil umgebaut war und von einem weltreisenden Pärchen nicht mehr benötigt wurde. Das Angebot hatte nur einen Haken, das Carnet, sozusagen die Aufenthaltsgenehmigung für das Fahrzeug, war kurz vor dem Ablaufen, und so blieben ihm und seinem Kumpel Matthias nur weniger als 30 Tage, um das Vehikel wieder nach Deutschland zu bringen.

Dass die Reisezeit im März alles andere als perfekt war, störte sie nicht. Sie hatten viel Glück, denn im äquatorialen Tiefland war es unberechenbar feucht und in der Sahelzone unerträglich heiß. Aber die Formel Unwissenheit + Übermut = Abenteuer ging auch bei ihnen voll auf. Ohne so richtig zu ahnen, auf was für ein Abenteuer sie sich da eingelassen hatten, machten sie sich auf die 16.000 Kilometer lange Strecke von Kapstadt nach Casablanca. Dabei durchquerten sie Namibia, Angola, Kongo, Gabun, Kamerun, Nigeria, Niger, Mali, Senegal und Mauretanien. Es galt immer wieder, Flüsse auf Fähren zu überqueren, die alles andere als vertrauenswürdig aussahen, und Schlammstrecken zu überwinden, bei denen selbst ein Trecker seine Schwierigkeiten gehabt hätte. Gefrustet von dem Schieben und Schlammschippen, kamen ihnen drei Anhalter, die an der Strecke standen, ganz recht. Also rein in den Kleinbus, denn zehn Hände schieben besser als vier. Und so schaukelten sie zu fünft von Schlammloch zu Schlammloch. Als man die Gäste fragte, wie gefährlich denn die Rebellen hier seien, waren die drei etwas irritiert und erwiderten: »Ach – ich glaube, ihr meint uns.« Sie versicherten, dass Touristen wie die beiden Bulli-Fahrer nicht von Interesse seien. Aber wo es schon mal raus war, präsentierten die Mitfahrer stolz ihre Waffen-Grundausstattung für Rebellen, die sie in den unscheinbaren Sporttaschen dabeihatten. Bis die drei wieder ihren eigenen Weg gingen, schaufelte man gemeinsam den Bulli noch aus so manchem Morast.

Mal eben das gekaufte Auto nach Hause bringen? War dann eher ein Abenteuer auf vier Rädern als eine einfache Rückfahrt nach Deutschland.

Die zulässigen 30 Tage unterboten Leander und Matthias sogar. Nach »nur« 254 Stunden am Steuer und 346 Stunden für Pausen und Reparaturen waren sie wieder in Europa. Dass der Bulli weder TÜV noch eine gültige Zulassung hatte, hielt ihn nicht davon ab, die beiden sicher nach Hause zu bringen.

42 Aufgeladen um die Welt

Powered by Emotionen und Strom

Alexandra und Rémi aus Frankreich haben eine Mission. Sie sind Überzeugungstäter, die zeigen wollen, dass erneuerbare Energien eine reelle Möglichkeit sind, unsere aktuellen Transport- und Energieprobleme zu lösen. Aus diesem Grund haben sie die Electric Vehicle World Tour (EVWT) ins Leben gerufen. Sie steht unter dem Subtitel: »Die Herausforderung einer Generation«. Denn Alexandra und Rémi sind die Werte der neuen, umweltbewussten Generation sehr wichtig. Die beiden wollen mit dem Projekt ihre Reiselust und die Beantwortung der Frage »Kann man mit Reisen zur Rettung der Erde beitragen?« kombinieren.

Die EVWT soll die Werte und Technologien der Welt von morgen zeigen und verbreiten. Alexandra und Rémi möchten darüber in den sozialen Netzwerken berichten und auf Konferenzen rund um die Welt darauf aufmerksam machen. Die Leute inspirieren und neugierig machen auf nachhaltige Technologien. Sie wollen über 50.000 Kilometer einmal um den Globus fahren. Vollkommen autark, ohne jeglichen CO_2-Ausstoß. Dafür haben sie ein Gespann bestehend aus »Nano«, dem auf Elektroantrieb umgerüsteten T3 Syncro, und dem Solaranhänger »Eve« entwickelt und gebaut. Mit Hilfe der 14-kWp-Solarpaneele können die 85-kWh-Akkus des T3 innerhalb von zwei Tagen nur durch Sonnenenergie geladen werden. Diese Ladung reicht für 300 Kilometer. Dementsprechend brauchen sie aber auch eine Menge Zeit, um die geplanten 30 Länder zu durchqueren. Dabei soll es keineswegs nur auf ausgebauten Straßen vorwärtsgehen. Es stehen die extremsten Straßen der Erde auf dem Plan, um die Technik zu testen und noch zuverlässiger zu machen. Für den Antrieb des Campers wurden einige Komponenten eines Tesla verwendet und vieles durch mühsames Ausprobieren selbst entwickelt. Allein die Videos zum 50.000 Euro teuren Umbau des T3 und der Gänsehautmoment, als er das erste Mal lautlos aus der Halle gleitet, sind es wert, einige Stunden im Internet zu verbringen.

Mit aufgeladenen Akkus um die Welt. Eine Mission von ganzem Herzen für die beiden Franzosen.

Alexandra und Rémi möchten so viele Menschen wie möglich mit auf ihre Reise nehmen. Sei es über das Internet oder in Schulen, Universitäten und anderen Institutionen auf ihrer Route. Mit ihren Erfahrungen wollen sie das Bewusstsein dafür schärfen, wie wichtig Umdenken für eine zukünftige nachhaltige Mobilität ist. Zu so einer Mission passt ein zuverlässiger Partner wie der Bulli perfekt.

STYLEVAN
VSM
CW-476-SE

43 Wintercamping unter den Nordlichtern

Jagd auf die tanzenden Lichter

Eine Urlaubsform, die bei den meisten Nicht-Bullifahrern und Anticampern nichts als Kopfschütteln erzeugt: Bei zweistelligen Minusgraden im Bulli oder sogar im Zelt des Aufstelldaches zu schlafen ist für den Pauschalurlauber sicher so verlockend wie die Vorstellung, in seinem Zimmer bei 45 Grad ohne Klimaanlage zu schlafen.

Zugegeben, es reizt auch nicht jede VW-Bus-Besatzung, aber ich (der Autor dieses Buches) träumte schon sehr lange davon. Vor vielen Jahren las ich von einer Gruppe, die mit ihren Bullis im Winter durch Lappland fuhr. Seitdem ließ mich der Gedanke nicht mehr los, auch einmal nördlich des Polarkreises mit dem Bulli zu campen. Ein Sehnsuchtsort kam mir schnell in den Sinn: die Lofoten. Keine Ahnung, warum mich dieser Name fasziniert hat, aber es sollte sich später herausstellen, dass es eine gute Wahl war. Einfach so losfahren fand ich aber zu leichtsinnig, und so wurden die Flüssigkeiten auf die Minusgrade vorbereitet sowie die gesamte Technik gecheckt. Unterwegs hab ich meist schon bei halb vollem Tank wieder aufgefüllt. Denn so schön die Winterlandschaft auch ist, so tückisch kann es sein, wenn man mit leerem Tank bei einem Schneesturm liegen bleibt oder gar die Standheizung nicht mehr mit Kraftstoff versorgt wird.

Wieder einmal zeigte sich, dass es keinen besseren Weggefährten als einen Bulli geben kann. Durchgefroren nach einer Schneewanderung wieder am warmen Cali anzukommen und sich mit einem warmen Tee an einem wunderschönen Ort zu erholen war einfach herrlich. Fernab von den Touristen-Hotspots konnte ich im besten Hotelzimmer der Welt die Natur genießen. Das Wetter hätte nicht besser sein können, bis auf einen heftigen Sturm mit Windgeschwindigkeiten von knapp 120 km/h, bei dem ich mich nicht getraut habe, das Aufstelldach zu öffnen, war meist traumhaftes Wetter mit klarem blauen Himmel und eiskalter, trockener Luft. Geschlafen wurde fast immer im Aufstelldach, und dank eines dicken Winterschlafsacks und einer Mütze waren es kuschelige Nächte unter dem Polarhimmel – der mehrere Tage eine atemberaubende Aurora borealis beziehungsweise Nordlichtshow bot. Eingemummelt vor dem California zu sitzen und dieses Naturschauspiel erleben zu dürfen erzeugte ein ergreifendes Gefühl von Glückseligkeit, bei dem man sich wünscht, nie müde zu werden und dass die Nacht niemals endet.

Nächte, in denen man nicht schlafen möchte. Atemberaubende Polarlichtshow bei eisiger Kälte.

H CA 127

Gemeinschaftserlebnis: eine Ausfahrt im Bulli-Konvoi.

PRIMAVERA
CAMPING & BUNGALOWS
Oldtimer
Volkswagen Nutzfahrzeuge

Was für einige Leute zu Hause der Setzkasten ist, ist für andere die Stoßstange …

EINE FREUNDSCHAFT FÜRS LEBEN – BULLIS UND IHRE FAHRER

BEHOLD ST. CHRISTOPHER AND GO YOUR WAY IN SAFETY
ENGLAND
THE ROYAL SOCIETY OF ST GEORGE
FORCES MOTORING CLUB
R M
BRITISH
Lambretta
OWNERS
ASSOC

44 Eddie the Eagle

Mit Bulli und Willenskraft zum Erfolg

Wenn man auf der Straße die Leute nach Michael Edwards fragt, werden sicher viele mit den Schultern zucken. Wenn man sie hingegen auf Eddie the Eagle anspricht, sieht die Sache schon anders aus. Eddie oder Ed nannten ihn seine Freunde schon vor seiner famosen Olympiateilnahme im Skispringen 1988 in Calgary. Der Zusatz »Eagle« kam von seinen Fans, die am Flughafen mit einem Plakat »Welcome Eddie the Eagle« auf ihn warteten. Das kanadische Fernsehen zeigte eben genau dieses Banner in einer Übertragung, und so nahm die Geschichte ihren Lauf.

Die Zuschauer feierten den stark kurzsichtigen Briten mit den dicken Brillengläsern für seinen Ehrgeiz und Spaß am Springen. Der durchschnittliche Amateur, der nur aus Liebe zum Sport an den Spielen teilnahm, verkörperte das Motto von Olympia: Dabei sein ist alles, denn seine Weiten waren alles andere als rekordverdächtig. Trotzdem oder gerade darum wurde er zum Liebling der Massen.

Der 1963 in Cheltenham geborene Edwards wollte schon als kleiner Junge einmal im Leben zu Olympia. Nachdem er im Judo, Volleyball und Pferdesport eher mäßig erfolgreich war, fing er mit Skiabfahrtslauf an. Nur knapp scheiterte er an der Qualifizierung für die Winterspiele 1984, und so musste er sich eine weitere Sportart suchen. Bei der Vierschanzentournee wurde er 1985 fündig und nahm die Herausforderung an. Denn bis dahin gab es noch keinen britischen Skispringer. Er lernte ohne Skiverband und dessen Unterstützung das Skispringen und musste sich mit Aushilfsjobs selbst finanzieren. Aber der Wille, an Olympia teilzunehmen, ließ ihn alles ertragen. Sein Vater kaufte ihm einen beigen T2 Camper. Die Caravanette von Devon war von nun an sein rollendes Zuhause. Er fuhr über 80.000 Kilometer quer durch Europa. Nach einem Steinschlag bei Frost sogar sechs Stunden ohne Windschutzscheibe. Um Geld zu sparen, übernachtete er auch bei minus 20 Grad in dem Bulli. Sein Camper war zwar nicht schnell, aber er kam überall an. So wie Eddie bei Olympia. Er landete zwar auf dem letzten Platz, aber er wurde Sieger der Herzen. Selbst der Chef des Organisationskomitees, Frank King, konnte sich dem Phänomen nicht entziehen und erwähnte »Eddie the Eagle« in seiner Abschiedsrede, was von den 100.000 Menschen im Stadion mit tosendem Jubel gefeiert wurde.

Eddie the Eagle ist heute ein gefragter Redner für unterschiedliche Events. Hier eröffnete er 2017 die Caravan Show in Birmingham und erzählte von seinen Abenteuern.

CHIMAY, BELGIUM
MOON
2013
Flat Four

Gute Freunde sollten auch ein Gesicht haben. Als Zubehör gibt es ausdruckstarke Augen für den Bulli.

45 Michael Steinke

Der Allwissende der Bulliszene

Seinen ersten Kontakt mit dem Bulli hatte Michael beim Ausliefern für den örtlichen Gemüsehändler. Dort lernte er die Vorteile des Nutzfahrzeuges kennen und schätzen. Und so wurde im Sommer 1969 sein erster Bulli gekauft. Auch wenn er selbst gar nicht dabei war. Seine damalige Freundin Christa, heute seine Ehefrau, und ein Freund fuhren los, um den grau-weißen Typ 22 zu kaufen. Mit ebendiesem ging es dann für das verliebte Paar in den ersten gemeinsamen Urlaub. Während in den USA das Woodstock-Festival bevorstand, machten sie sich auf den Weg in ihren Summer of Love durch die Kulturstätten Südeuropas. Diese Reise sollte nicht nur ihre Liebe festigen, sondern auch ihre Zuneigung zum VW Bus. Fortan ging es mit dem Bulli durch ganz Europa. Christa schätzt den Bulli als Transporter ebenso wie Michael, wenn sie auch mehr der Malerei als der Schräubchenkunde zugetan ist.

Genau 50 Jahre liegen zwischen diesen beiden Bildern. Geblieben ist nicht nur die Liebe zueinander, sondern auch das Reisen mit dem Bulli.

Den ersten neuen VW Bus kauften die Steinkes 1971 – einen T2a mit Helsinki-Ausstattung für horrende 13.000 Mark. Aber er war jeden Pfennig des mühsam gesparten Geldes wert. Mit jedem Bulli wuchs auch das Wissen um den Transporter aus Hannover und die Reisemobile aus Rheda-Wiedenbrück. Michael hat das wohl größte Archiv für Transporter der ersten beiden Generationen und historische Westfalia-Mobile – im Kopf und im Schrank. Er ist der »Allwissende« der Bulliszene, der aber nie aufhört zu forschen. Seine Akribie und Genauigkeit ist dabei von unschätzbarem Wert für die Bewahrung der Geschichte des Bulli.

Michael war lange Zeit Vorsitzender der BulliKartei, des Vereins für Fans der ersten Transportergeneration, er führt noch heute das Westfalia-Register und kümmert sich aufopfernd um die Hilfsaktion »Bullis Bringen Freude«. Er ist kein Fan im herkömmlichen Sinne, er ist nicht fanatisch. Er ist jemand, der die Nützlichkeit des Bulli schätzt und liebt. Jemand mit einer ruhigen, sachlichen Art, die manchmal sein großes Herz versteckt. Für ihn gehört ein Bulli auf die Straße, denn ein Nutzfahrzeug sollte genutzt werden, anstatt sich in einer Garage die Reifen platt zu stehen. Während dem Woodstock-Festival 2019 ein Revival zum 50. versagt blieb, gingen Christa und Michael (immer noch verliebt) auf Jubiläumstour mit dem Bulli in den Süden. Denn der Summer of Love ist für die beiden seit 50 Jahren Realität.

bbf84
Bullis
bringen
Freude

46 Tom Hanks

Liebt die Autobahn und den Bulli

Der wahrscheinlich prominenteste Bulli-Fan der Welt dürfte Tom Hanks sein. Der zweifache Oscar-Gewinner zeigt sich immer wieder gerne als Camper. Ob in einem Instagrampost mit seinem Airstream-Wohnwagen im Stau auf der Autobahn oder unterwegs mit einem VW Bus.

Er besitzt einen T3 Syncro, dem er in einem Interview eine sehr launenhafte Klimaanlage bescheinigte. Er erzählte, wie sehr er und sein Bruder hinter dem Steuer in der kalifornischen Wüste unter der Hitze gelitten haben. Legendär ist auch sein Auftritt 2012 in der David Letterman Show, in der er von seinem Roadtrip mit einem T5 California berichtet. Er beschreibt mit Händen und Füßen das Gefühl, mit 200 km/h über die Autobahn zu fliegen, und meint, dass es nur einen Grund gäbe, in Deutschland auf der Autobahn anzuhalten: wenn der Fahrer pinkeln muss. Sein Fazit zur Autobahn: »Egal, wie schnell du fährst … es gibt immer einen, der noch schneller ist und wie eine Rakete an dir vorbeischießt.«

Gemächlicher ging es ab dem Jahr 2000 für seine Frau Rita und ihn voran. Sie wurden stolze Besitzer eines T2b Weekender, eine abgespeckte US-Version des »richtigen« Campmobils. Der Weekender ist ein sogenannter Tintop Camper. Also ein Bus ohne Aufstelldach, aber mit einfachem Ausbau für zwei Personen von Westfalia. Das Fahrzeug war in einem exzellenten, fast neuwertigen Zustand und hatte nur eine geringe Laufleistung.

Ende 2018 bekam der nur 85.000 Kilometer gefahrene Camper einen neuen Besitzer. Julien-David Collombet, Chefredakteur des französischen »Combi«-Magazins, fand nach langer Suche endlich einen Bulli, der zu seinen Wünschen passte. Er ließ ihn nach Europa verschiffen, und im Frühjahr 2019 kam der Bus inklusive der kompletten Historie in Frankreich an. Mit dabei einige Eintrittskarten, die zeigen, dass Rita und Tom mit dem Bulli eine Menge Ziele in den USA bereist haben müssen. Ebenfalls dabei: »Wilson«, eine Kopie des Balls aus dem Film »Cast Away – Verschollen« und ein Autogramm von Tom, in dem er Julien darum bittet, auf den Bulli aufzupassen. Den Wunsch wird er ihm sicher gerne erfüllen.

Den Aufruf, gut auf seinen Bulli aufzupassen, bekam der neue Besitzer Julien von Tom Hanks persönlich.

GOWESTY.COM
California
5KWX623
Good People. Good Parts. Good Times.

47_ Superman im California

Gemischtes Doppel für den Erfolg

2019 hat der 33-jährige Belgier Thomas de Dorlodot bereits zum siebten Mal am Red Bull X-Alps teilgenommen. Damit gilt er als Veteran bei diesem Extremwettkampf – die X-Alps gehören sicherlich zu den schwersten Mehrkampfveranstaltungen weltweit. Es werden die Sportarten Gleitschirmfliegen, Klettern und Laufen in den topografisch anspruchsvollen Alpen kombiniert. Die folgenden Zahlen verdeutlichen den Schwierigkeitsgrad: 2019 mussten die 32 Teilnehmer 1.138 Kilometer von Salzburg nach Monaco in zwölf Tagen zurücklegen.

Die Teilnehmer tragen ihren Gleitschirm und ihre Ausrüstung während des gesamten Wettkampfes auf dem Rücken von einem Checkpoint zum nächsten. Kein einziger Kilometer darf im Auto zurückgelegt werden. Zwischen 22.30 und 5 Uhr morgens schreiben die Organisatoren den Athleten eine Ruhezeit vor. In dieser Zeit findet sich Thomas bei seinem Assistenten Diego und seinem California ein. Im Bulli kann er schlafen, sich massieren lassen, draußen kurz abduschen. Und dank Standheizung muss er in den kalten Höhenlagen auch nicht frieren. Sein Assistent Diego fährt den Bulli während der Wettkampfphase und kümmert sich um alles Notwendige, während Thomas das Letzte aus seinem Körper rausholt. Der T6 ist für den Extremsportler dank der Reisemobilausstattung, der kompakten Abmessungen und des Allradantriebs 4Motion das perfekte Begleitfahrzeug und somit ein wichtiger Baustein seines Erfolges.

Die Red-Bull-X-Alps-Wettkämpfe finden alle zwei Jahre statt. Im Vorfeld des Wettkampfs reist Thomas an Bord seines California durch die Alpen, um die Strecke zu erkunden und zu trainieren, begleitet von seiner Frau Sofia und seinem kleinen Sohn Jack. Somit bietet ihm sein Bulli die beste Möglichkeit, Beruf und Familie zu kombinieren. In der heutigen Zeit kommt er aber auch nicht drum herum, sich selbst multimedial zu vermarkten. Dafür hält er nicht nur Vorträge über seine Abenteuer, sondern entdeckt auch immer neue Orte aus der Luft per Gleitschirm und dreht dabei Videos über seine Meisterleistungen. Immer dabei: der California – sein Zuhause auf Rädern.

__ Ein tolles Team: Thomas und sein California. Mit ihm werden die X-Alps fast zum Spaziergang.

Mehr Infos unter: www.thomasdedorlodot.com

California.
Volkswagen

48 Martin, der Bulli-Surfer

Klischee trifft Realität

Bulli und Surfen, das sind zwei Dinge, die fest zusammengehören. Wenn der Surfer dann auch noch sonnengebräunt ist, ein Sixpack und blonde, lange Haare hat, ist das Bild perfekt. Genau diese perfekte Kombi kann man am Strand von Venice Beach in Kalifornien erleben. Dort hat Martin seine Surfschule »Kapowui« eröffnet. Kapowui ist Martins Ausdruck für das unbeschreibliche Gefühl, das er beim Wellenreiten spürt. So lag es nah, seine Surfschule auch so zu nennen. Bevor Martin sich dem Surfbusiness zuwendete, war er ein paar Jahre in der Navy und eine Dekade lang als Show-Tänzer unterwegs. Wer ihn sieht, ahnt, mit welcher Show er auf den Bühnen der Welt tourte.

Wie der Zufall es wollte, passte sein Hobby »alte VW Busse« perfekt zum Plan, eine Surfschule aufzumachen. Um nah am Wasser und den möglichen Kunden zu sein, lebte er zehn Jahre lang in einem T1 am Strand des Pazifiks. Immer an wechselnden Stränden, immer auf der Suche nach der perfekten Welle. Die Zeit war nicht immer einfach. Denn ohne Heizung wurde es auch in Kalifornien im Winter ganz schön kalt in seinem mobilen Zuhause. Martin erinnert sich aber noch heute gerne an die Geborgenheit, die ihm der Bulli damals gab, und ist ihm dankbar, denn ohne Bulli würde sein Surfbusiness vielleicht gar nicht bestehen.

Heute hat er mehr Surfboards als Kleidung und eine stattliche Anzahl an Bullis der ersten Generationen. Die Busse nutzt er zum Teil auch als Werbeplattform. So besitzt er zum Beispiel den wohl meistfotografierten Bulli Kaliforniens. Der orange-gelbe T2b, mit einem irre hohen Stapel an Surfbrettern auf dem Dach, steht meist an der Oceanfront von Venice und ist ein Anziehungspunkt für Jung und Alt. Immer mit dabei: Martin, der permanent strahlende Sonnyboy. Mit coolen Sprüchen und einer hohen Bereitschaft zu Selfies bringt er den Menschen ein Stück Lebensfreude und den Surfspirit nahe. Sie sind zwei Lieblinge der Touristen: Martin als Sinnbild eines kalifornischen Surfers und der Bulli als Symbol für Freiheit und den Summer of Love.

Ein Surfer wie gemalt. Martin liebt und lebt die Lifestylekombination aus Surfen und Bullifahren.

SURFER DUDE
KAPOWUI
ONEILL
KAPOWUI
KAPOWUI.COM
SURF LESSONS
VENICE BEACH
HH PP 729
CALIFORNIA REPUBLIC
CALIFORNIA
KAPOWU1

49 Der Bulli-Doktor

Mit Bart, Brille und Leidenschaft

Es gibt etliche VW-Bus-Schrauber, die sich gerne »Bulli-Doktor« oder so nennen. Einer, der sich den Titel tatsächlich erarbeitet hat, ist Dr. Heiko P. Wacker aus dem Kraichgau. Er kann zwar schrauben, hat aber keine Werkstatt, denn er ist promovierter Historiker. Seine Doktorarbeit schrieb er über das Heidelberger Schloss. So gibt es niemanden, der ihm über die Geschichte dieses beeindruckenden Bauwerks etwas vormacht. Passend dazu ist er ein Freund des mittelalterlichen Schauspiels. Er hat den staatlichen Böllerschein nach Paragraf 27 des Sprengstoffgesetzes und darf somit auch historische Geschütze zünden. Sein umfangreiches Wissen auf dem Gebiet stellt er beim berühmten Peter-und-Paul-Fest in Bretten jedes Jahr wieder unter Beweis, wenn er dort einige Vorführungen gibt oder moderiert.

Aber seine (mutmaßlich) größte Leidenschaft gilt dem Bulli. Er wurde zwar nach Woodstock geboren, trägt aber trotzdem lange Haare. Er wurde wohl auch schon einmal in einem Bulli mit Hippiebemalung auf einer Oldtimerrallye gesehen, wo er gar den ersten Platz für das beste »Kostüm« bekam. Es geht Heiko aber in keiner Weise um die Glorifizierung des Hippie-Kultes. Er liebt einfach das Gefühl, mit offenem Dreiecksfenster über die Landstraßen Südfrankreichs zu cruisen und mit den Menschen ins Gespräch zu kommen. Und er kann dem Fahren eines T1 auf einer Oldtimerrallye ebenso viel abgewinnen wie einem Urlaub in einem T6 California. Und zwischendrin genießt er die Ausfahrten mit seinen eigenen Bullis. Einen blau-weißen T2 hat er komplett selbst restauriert und darüber sogar ein Buch geschrieben. Oder er fährt mit dem T3 Joker, der ihm vor vielen Jahren sprichwörtlich zugelaufen ist und bis heute für erlebnisreiche Touren genutzt wird.

Mit seiner offenen und herzensguten Art bekommt er sogar Zugang zu eher introvertierten Menschen, weil er nie sich, sondern immer das gemeinsame Thema in den Mittelpunkt rückt. So pflegt er inzwischen eine herzliche Freundschaft mit Jürgen Schultz, der seine eigene Geschichte vom Hippie-Trail als »nichts Besonderes« ansah und erst durch Heiko ermutigt wurde, seine Geschichte zu erzählen, die inzwischen sehr viele Menschen bewegt hat. Über all die Jahre hat Heiko sich zum Experten rund um den Bulli entwickelt. Sei es beim Schrauben oder was die Geschichte angeht. Darum hat er sich den Titel Bulli-Doktor redlich verdient.

Andere reden mit Pflanzen, der Doktor bedankt sich nach erfolgreicher Rallye standesgemäß beim T1 für die pannenfreie Fahrt.

Allianz
108

50 Der Huckepack-Camper

Erfolg auf dem Rücken des Bulli

Mit einem Wohnwagen losziehen, das kam für Peter Tischer Anfang der 70er nicht in Frage, als es darum ging, ans Nordkap zu fahren. Nein, es sollte die Probefahrt mit seinem ersten selbst gebauten »Huckepack-Camper« werden. Zum Vergleich fuhr sein Kumpel mit dem Wohnwagen hinterher. Und während der Freund auf den Campingplätzen immer die höhere Stellplatzgebühr zahlen musste, war für Peter nur der Pkw-Tarif fällig. Darüber kann er heute noch lachen, aber das war nicht die Intention, so eine Absetzkabine zu entwickeln und zu verkaufen. Komfortabel wie ein Wohnwagen, aber wendig wie ein VW Bus sollten die Camper sein, die er und sein Vater in Zukunft mit der eigenen Firma verkaufen wollten. Dass die beiden es mit dem Komfort ernst meinten, zeigte schon die Ausstattung der ersten Kabine. Mit Gasheizung, Waschbecken, kleiner Küche mit Spüle, Kühlschrank und Zweiflammherd war alles an Bord, was die Kunden ihrer Meinung nach von einem mobilen Haus erwarteten. Die Sitzgruppe für vier Personen war leicht erhöht, und für genügend Stehhöhe sorgte ein wetterfestes Hubdach mit festen Wänden. Am Zielort angekommen, kam der eigentliche Clou. Mit einem Kurbelmechanismus und vier Stützen konnte man die Kabine vom Bulli trennen und mit diesem die Gegend erkunden. Genauso praktisch wie mit einem Wohnwagengespann. Das Argument der Geschwindigkeitsbegrenzung für Wohnwagen hatte zu der Zeit noch wenig Gewicht. Der T2 mit Kabine war eh nicht schneller als ein Wohnwagengespann.

Der Aufbau war damals noch sehr kantig und rustikal mit einem Lattenrahmen, Styropor-Isolierung und Glasfasermatten, die auf die Sperrholzbeplankung aufgeklebt wurden. Heute ist alleine der Kabinenaufbau schon Hightech und erlaubt auch bei extremen Minusgraden noch gemütlichen Wohnkomfort. Fast 5.000 Kabinen wurden seitdem gebaut und sind auf den abgelegensten Pisten der Welt unterwegs. Die erste Kabine von 1973 ist seit Ende der 80er wieder in Familienbesitz und wurde wie auch der dazugehörige T2 umfangreich restauriert. Unter dem Motto »Pick-up the dream« durfte er sich nach 45 Jahren eines zweiten Messeauftritts erfreuen. Das Pick-up-Camper-Konzept fasziniert noch heute die Besucher jeder Messe. Im Seventies Style war es für die Messebesucher eine Art Zeitreise. Für Peter ist dieser Bulli aber mehr als nur Reisen oder Camping: »Das ist Geschichte. Unsere Geschichte.« Auf die er mit Stolz zurückblicken kann, als einer der Pioniere im Reisemobilbau.

Testfahrt der Firma Tischer in den 70er Jahren mit Pritschen-Bulli und Absetzkabine.

51 Der Glückstreffer

Wie er ein Leben verändert

Glück kann man nicht kaufen – aber man kann mit Glück etwas kaufen, was das Leben verändert und bereichert. So geschehen 1988 bei der Familie Boltze. Christoph ist mit seinem Vater auf dem sogenannten Schweinemarkt für Jahreswagen von VW in Wolfsburg, wo VW-Mitarbeiter samstags ihre Jahreswagen an Interessenten verkaufen. Familie Boltze wollte einen VW Bus für den Alltag und den Urlaub. Der gesuchte Caravelle Syncro wurde tatsächlich angeboten, und Vater Boltze schlug zu. Mit ein bisschen Zubehör wie Kühlbox und Dachzelt wurde der Bulli zum Reisemobil für die fünfköpfige Familie.

Jahrelang brachte der Caravelle die Familie zuverlässig durch ganz Europa. Das war kein Glück, das war von einem VW Bus zu erwarten. Aber dass eben genau dieser T3 1985 das Fotomodell für die Pressemappe des Syncro war, das war schon etwas Besonderes. Für Christoph so besonders, dass er immer mehr in die Materie Bulli einstieg. Er recherchierte alles zu dem Fahrzeug und fing dann an, Prospekte und alle verfügbaren Informationen über den T3 zu sammeln. Noch bevor er den Führerschein besaß, stand für ihn fest, dieser Wagen muss original bleiben und darf nie verkauft werden. Mit 18 übernahm er ihn wie selbstverständlich, und noch heute ist der Wagen in seinem Besitz.

Inzwischen frisch restauriert, erstrahlt der T3 wieder wie der Neuwagen auf den Pressebildern in Beige-Braun. Mit einem H-Kennzeichen geadelt – ein Klassiker eben.

Für Christoph war das Sammeln der ersten Prospekte der Start in die VW-Bus-Welt. Mittlerweile hat er eine der größten Bulli-Prospekte-Sammlungen, die es gibt, und sogar ein Buch darüber verfasst. Er ist in vielen Foren ein gefragter Ansprechpartner, weil er zu den Spezialisten auf dem Gebiet des T3 gehört und seine Hilfsbereitschaft oft unendlich erscheint. Dank seines beinahe fotografischen Gedächtnisses besitzt er ein unglaubliches Detailwissen und wird überall hoch geschätzt. Einen kleinen Teil seiner Sammlung kann man im Internet auf seiner Seite www.vwpix.org sehen.

Auch ein Jäger und Sammler muss mal Urlaub machen. Christoph unterwegs zum Bulli-Treffen nach Spanien mit einem T3 California.

CALIFORNIA
H VW 142

52 The Magic Bus

Motorsound meets Music

Musiker und ihre Bullis verbindet oft eine Zweckgemeinschaft. Die Kapelle benötigt einen Transporter mit viel Platz, und da es immer irgendwo einen gebrauchten VW Bus zu kaufen gibt, wird schnell eine Nutzehe geschlossen. Es ist aber eine Win-win-Situation. Denn nicht nur die Musiker dringen in die Herzen der Fans ein, sondern auch der Bulli. Wenn auch nur schleichend und immer in der zweiten Reihe.

Schon immer gab es Musiker, denen man den Bezug zum Bulli abnahm. Keine bezahlten Promis, die je nach Sponsor jede Woche eine neue Marke lobpreisen, sondern echte Fans, die mit dem Bus on the road waren. Von Gig zu Gig knattertern und dabei stets die Hoffnung im Gepäck hatten, dass der meist altersschwache Bulli ebenso wenig schlappmacht wie der Sänger, wenn er zu viel »Mutwasser« vor dem Auftritt getrunken hat. Die wohl bekannteste Band mit einer Verbindung zum Bulli ist The Who aus Großbritannien. Sie spielten auf dem legendären Woodstock-Festival 1969. Wurden mit Hits wie »My Generation«, »Pinball Wizard« und natürlich dem »Magic Bus« weltberühmt. Dieser Song, der kurz nach Woodstock veröffentlicht wurde, wird gerne in Zusammenhang mit dem Bulli gebracht. Dies liegt auch sehr nah, gibt es doch ein Foto von 1967, auf dem die Band mit Roger Daltrey, Pete Townshend, Keith Moon und John Entwistle in Italien vor einem Volkswagen T1 posiert. 2007, ganze 40 Jahre später, schloss sich der Kreis. The Who spielten ihren Hit »Magic Bus« vor Zigtausenden VW-Bus-Fans auf dem größten Bulli-Treffen der Welt in Hannover. Wiedervereint: The Who und der Bulli auf einem gigantischen Festival.

Der Magic Bus im Kleid des Union Jack wurde zugunsten des Teenage Cancer Trust 2008 verlost.

Volkswagen Nutzfahrzeuge und The Who unterstützten gemeinsam nach dem legendären Bulli-Treffen eine Charity-Aktion. Bei dieser wurde ein Bulli im Union-Jack-Look zugunsten des Teenage Cancer Trust verlost. VW Nutzfahrzeuge und die Musiker schlossen Freundschaft, und so kam es 2008 zu einem kuriosen Tauschgeschäft: Pete Townshend war Besitzer eines T2 Campers, sehnte sich aber nach mehr Bequemlichkeit auf den Fahrten zu seinem Studio, und so einigte man sich auf einen Tausch in Naturalien: Sein Bulli ging in die Sammlung von Volkswagen Nutzfahrzeuge Oldtimer, und Pete bekam einen neuen T5 Multivan mit all dem ersehnten Komfort. Da war sie wieder – die Win-win-Situation.

TheMagicBu
The Who
TEENAGE CANCER TRUST

53 Terry Whitbread

Dienstwagen: Bulli-Cabrio

Nicht nur der Bulli ist Kult. Es gibt auch Bulli-Persönlichkeiten, Menschen, die eine besondere Beziehung zum Bulli haben. Terry Whitbread ist so jemand. Nutzi von ganzem Herzen.

Der 1945 in Market Harborough in Großbritannien geborene Terry Whitbread kommt während seines Militärdienstes nach Deutschland. 1977, direkt danach, beginnt er bei Volkswagen in Hannover. Während seiner Zeit in der Fahrzeugmontage arbeitet er am T2, wo er Benzinleitungen verbaut. Beim T3 und T4 wird er Spezialist für den Einbau von Vorderachsen und Motoren. 1988 nimmt seine Laufbahn eine radikale Wende. Vom Band wechselt er in den Besucherdienst, wo seinerzeit ein Guide für die Werksführungen gesucht wird, der nicht nur Englisch spricht, sondern auch Ahnung vom Fertigungsprozess hat. Zu diesem Zeitpunkt konnte noch niemand ahnen, dass Terry die absolute Idealbesetzung für den Job als Tourguide sein würde. Schnell wurde er zur Benchmark für Werksführungen. Er kokettierte stets mit seinem englischen Akzent, und jede Tour war für die Besucher ein absolutes Erlebnis, denn Terry kannte jeden und jede Ecke. Wusste, wann und wo die beste Gelegenheit war, die Produktion aus einem eindrucksvollen Winkel zu sehen. Terry, der geborene Entertainer, vermittelte unterhaltsam Wissenswertes über »sein« Werk, und so vergingen die 4,5 Kilometer langen Touren wie im Fluge.

Für Terry war jeder Gast ein VIP. Auch wenn etliche Prominente in den Genuss einer »Terrytour« kamen, er machte nie einen Unterschied. Ein Denkmal wurde ihm gesetzt, als er als Animationsfigur im Werksfilm, der allen Besuchern zu Beginn einer jeden Werksführung gezeigt wird, erklärt, wie man einen Bulli baut. Natürlich mit Akzent.

Aber irgendwann darf auch ein Mensch wie Terry in den wohlverdienten Ruhestand. Obwohl es ihm schwerfiel, sich von der »Bühne« zu verabschieden: Als 2019 mit 74 Jahren endgültig das Ende bei VW kam, hatte er schon zweimal Abschied gefeiert. Aber man konnte ihn immer wieder überreden, die Werksbühne erneut zu betreten. Und wer weiß, ob »die Terry«, wie er von seinen Kollegen liebevoll genannt wurde, nicht mit 75 wieder da ist.

Trotz Hinweisschild wollten es alle, die ihm auf dieser letzten Tour begegnet sind, nicht glauben, gehörte Terry doch zum Werk wie das Ortsschild zu Hannover.

LAST
TERRY
TOUR

54__ Der Super-Fan

Aufwachsen mit dem Bulli

Nicht jeder Bulli-Fan hat einen Bulli und auch nicht zwangsläufig einen Führerschein. Luis ist für diesen noch zu jung. Aber er hat den Bulli-Virus schon von klein auf in sich. Was wohl auch daran liegt, dass sein Vater Markus ein leidenschaftlicher Bulli-Fahrer ist und Luis mit den Vorzügen des Transporters aufwuchs. So wurde auch er, wie viele »Bulli-Kinder«, unterwegs immer auf dem warmen Motorraum gewickelt. Platzprobleme im Urlaub kennt seine Familie nicht, denn der Bulli hat immer ausreichend Stauraum. Und wenn es dann doch mal zu eng wird, kann man ja noch einen Anhänger ankuppeln.

So geht es auch immer mal wieder mit dem T1 und einem Eriba-Puck-Wohnwagen zu Bulli-Treffen. Dort fiel die Neugier von Luis zu jedem Detail um die Transporter sofort auf, und sein Wissen um die Busse aus Hannover wuchs ständig. So dauerte es nicht lange, bis er mit den Profis fachsimpeln konnte, an welchen Merkmalen man die unterschiedlichen Baujahre festmachen kann und was wohl original sei und was nicht. Ebenso leidenschaftlich sammelt er kleine Modelle der Bullis. Sofern sich kein Sponsor aus dem Familienkreis findet, gibt er dafür auch gerne mal sein Taschengeld aus, wenn auf einem Treffen eine Rarität zu ergattern ist. Mit viel Geschick und Charme feilscht er dann, bis der Deal perfekt ist und die Sammlung zu Hause wieder ein Stück größer wird.

Einer seiner größten Wünsche ging 2016 in Erfüllung: der Besuch von Volkswagen Nutzfahrzeuge in Hannover. Bei der Besichtigung des großen Werkes sollte mit dem Amarok-Cabrio über die lange Strecke durch die Produktion gefahren werden. Aber für Luis gab es da keinen Kompromiss, wenn schon fahren, dann nur mit einem Bulli-Cabrio. So ging es im offenen T5 durch die gesamte Fertigung, die California-Produktion und anschließend zum Highlight des Tages, in die Oldtimersammlung. Dort wurde jedes Fahrzeug durch ihn fachmännisch begutachtet und im Anschluss ausgiebig mit dem Kurator der Sammlung darüber gefachsimpelt. Das Team von Volkswagen Nutzfahrzeuge Oldtimer war sichtlich beeindruckt von Luis, seinem Fachwissen und seiner Liebe zum Bulli.

__ Von Zeit zu Zeit ist Luis noch auf den Rollstuhl angewiesen, den er stilsicher mit Bullimotiven dekoriert hat.

55 Der Herr Schultz

Einfach nur losgefahren

Heute ist ein Sabbatical, um sich selbst zu finden oder einfach mal länger rauszukommen, zwar immer noch nicht alltäglich, aber schon eine Idee, mit der fast jeder etwas anfangen kann. Anfang der 70er war es unvorstellbar, dass man seinen guten Job für eine Zeit an den Nagel hängt, auf eine lange Reise geht und dann einfach so wieder an seinen Arbeitsplatz zurückkommt. Da bedurfte es schon einer gewissen Abenteuerlust und eines großen Fernwehs, um diesen Schritt zu wagen.

Jürgen Schultz aus Memmingen war ein bodenständiger Mann mit tiefen Wurzeln in der Heimat. Aber ebenso zog es ihn in die Welt hinaus, um etwas Neues zu entdecken. So arbeitete er in Paris, Berlin und Johannesburg, um neben dem Geld auch Lebenserfahrungen zu sammeln. Der sparsame Allgäuer nutzte das hart verdiente Geld, um zu reisen. Natürlich mit einem Bulli, von denen er in seinem Leben mehrere besaß. Den Begriff »Vanlifer« gab es noch lange nicht. Er war ein Überlandfahrer, der auch zweimal den Hippie-Trail befuhr. Nur war er kein klassischer Hippie, dessen Antrieb die Sehnsucht nach den legendären Orgien und Drogen am Strand von Goa war, sondern die Neugier, neue Länder und Menschen kennenzulernen. Wobei er mit den langen Haaren und dem Bart zeitweise schon ein bisschen wie ein Hippie aussah.

»Travel is passport for peace« war sein Motto, welches auch auf der Seite eines seiner VW Busse stand. Er sagt heute: »Mit dem Bulli warst du nicht nur ein Hippie. Mit dem Bulli warst du der Ober-Hippie!« Denn mit so einem großen Gefährt war es einfach, Mitfahrer zu finden, die (natürlich) auch ihren Anteil zum Sprit beitragen mussten. Wenn diese dann noch eine Gitarre dabeihatten, war das Wanderradio auf der Rückbank perfekt, und man hatte eine unterhaltsame Zeit auf dem gemeinsamen Abschnitt der Reise. Auf diese Art hat Jürgen über 80 Länder bereist. Meist mit dem VW Bus. Und einer dieser Bullis steht im Originalzustand, wie nach dem letzten Trip einfach abgestellt, heute im Erwin Hymer Museum in Bad Waldsee. Jürgen könnte einfach wieder einsteigen und losfahren. So wie er es damals auch gemacht hat. Denn einen Satz von ihm sollten alle Bulli-Fahrer beherzigen: »Es ist so einfach, so simpel! Man muss nur den Zündschlüssel rumdrehen und losfahren. Alles andere findet sich von selbst.«

Mit einem Dachzelt war Jürgen der Luxusshuttle für die Petrolpayer, die er auf seinen Reisen immer mal wieder ein Stück mitnahm. Hier parkt er werbewirksam vor dem India Gate in Delhi.

MM
Z 290
D

In Bewegung: mit der T1 DoKa gemütlich um den See cruisen.

BEWEGTE BULLI-BILDER

Oldtimer
Volkswagen Nutzfahrzeuge

56 Bullis auf der großen Leinwand

Bewegte Momente mit dem Bulli

Der wohl bekannteste und populärste Kinofilm mit einem Bulli ist »Little Miss Sunshine« aus dem Jahre 2006. In dem mit zwei Oscars ausgezeichneten Film erleben die Zuschauer einen Roadtrip durch die USA der besonderen Art. Die neurotische Familie Hoover, bestehend aus Vater Richard (ein selbst ernannter Motivationstrainer), Mutter Sheryl, dem schweigenden Sohn Dwayne, dem suizidgefährdeten Onkel Frank und dem heroinsüchtigen Opa, begleitet die siebenjährige Tochter Olive zum Schönheitswettbewerb für Kinder nach Kalifornien. Die Reise mit dem altersschwachen Bulli lässt die Zuschauer in die Untiefen der Familie eintauchen, und jedes Mitglied muss mit persönlichen Enttäuschungen klarkommen. Eine unterhaltsame und lustige Fahrt, bei der jeder Schicksalsschlag die Familie weiter zusammenschweißt, bis dann zum Showdown alle gemeinsam das Finale der Misswahl rocken.

Die Produktionszeit betrug ganze fünf Jahre, und die Studios zweifelten am Erfolg des unkonventionellen Ensemblefilms. Am Ende spielte er aber weltweit über 100 Millionen US-Dollar ein. Wohl auch, weil der orange-weiße T2b die heimliche Hauptrolle spielt. Der Drehbuchautor Michael Arndt wuchs selbst mit einem VW Bus auf, und fast alles, was in dem Film mit dem Wagen zusammenhängt, hat er selbst erlebt. Wer mal einen alten Bulli besessen hat, glaubt es ihm aufs Wort.

In vielen Filmen kommt der Bulli am Rande vor. Unter anderem fahren die Bösen einen T2 in »Zurück in die Zukunft«, und in der Serie »Magnum« fährt T. C. seinen auffällig bemalten T3 Island Hoppers. Nicht zu vergessen die dreiteilige Kinoserie »Cars«. Die Charaktere des Animationsfilms sind Autos, die wie Menschen agieren und Gefühle haben. Der Film zeigt sehr viele liebevolle Details, und so verwundert es nicht, dass der T1 Fillmore dem Klischee der Hippies entspricht. Mit psychedelischen Ornamenten und dem obligatorischen »Peace«-Schriftzug auf der Seite verziert, gibt sich der 60er T1 als völlig tiefenentspannter Kumpel. Der immer leicht zugedröhnt wirkende Fillmore braut nachhaltiges Bio-Benzin und ist (natürlich) ein liebevoller Öko durch und durch.

Der gelb-weiße T2 war der heimliche Held im Hollywood-Blockbuster »Little Miss Sunshine«.

H VW 281H
VOLKSWAGEN-NUTZFAHRZEUGE-OLDTIMER.DE

57 »Last Wishes«

Rührender letzter Wille

2013 gab Volkswagen in Brasilien das Ende der T2-Produktion bekannt. Von 1957 bis 2013 wurden über 1,5 Millionen Bullis im Werk São Bernardo do Campo gefertigt. Zum Auslauf des Modells gab es einen ganz besonderen Videoclip und eine Abschiedshomepage mit eBook. Dieser sehr emotionale Werbefilm wurde beim International Festival of Creativity in Cannes gleich mit mehreren Löwen ausgezeichnet.

Der Bulli wurde in Brasilien »Die alte Dame« genannt. So erzählt der Kombi mit der Stimme einer älteren Dame in dem Clip seine Geschichte und was die Menschen rund um den Globus mit ihm erlebt haben. Von der ersten Skizze bis zu Fahrten um die Welt. Erlebnisse voller Freude und Verrücktheiten. Die Stimmung ändert sich schlagartig, als das Ende des Kombis verkündet wird. »Schon bald nicht mehr bei Ihrem Händler«, steht da in fetten Lettern geschrieben. Ein Schock und ein Moment der Stille. Ein Aufschrei geht um die Welt, in allen Nachrichten wird darüber berichtet. »Die alte Dame« erzählt weiter, dass sie ein Testament gemacht hat, in dem sie ihre größten Verehrer bedenkt. Sie spricht von Franck und Iris, die mit einem Bulli die Welt umrundet haben, und schenkte ihnen einen Tacho mit dem Höchststand von 999.999. Ein brasilianischer Fußballfreak, der drei Weltmeisterschaften mit seinem Kombi besuchte, bekam eine Radkappe, die von Pelé unterschrieben wurde. Mirian wurde in einem Bulli geboren, und so bekam sie ein Bild der ersten Zeichnung des Kombis, um zu zeigen, wie der Bulli bei seiner Geburt aussah. Der Besitzer eines Bulli-Foodtrucks bekam Ravioli-Ausstecher in Bulliform. Eine Geschichte schöner als die andere.

Die letzte Fahrt des T2, um die letzten Wünsche zu erfüllen, wurde rührend verfilmt.

Doch ein Wunsch blieb bis zum Schluss. Am Ende seiner Reise wollte der Kombi jemand ganz Bedeutendes aus seinem Leben treffen. Und so ging die letzte Fahrt nach Amersfoort in den Niederlanden zum Sohn von Ben Pon, seinerzeit der »Erfinder« des T2. Ein bewegender Moment, untermalt mit sanfter Musik. Anschließend fährt der Kombi zufrieden ein letztes Mal der Abendsonne entgegen. Schön, wenn man ein so erfülltes und tolles Leben hatte und die Kinder, Enkel und Urenkel weiter um die Welt fahren. Die meisten Menschen, die den Film sehen, haben Tränen in den Augen – mindestens aber eine ordentliche Gänsehaut. Good bye, Kombi. Mach's gut, alte Dame.

56
Kombi
EWL·3460

58 The Bus – Der Film

Liebeserklärung auf Zelluloid

Der Bulli spielt in vielen Filmen und Werbungen mit. Es gab schon etliche Hobbyfilme oder Fernsehreportagen über die Geschichte und den Kult um den Bulli. Aber 2012 war es endlich so weit, eine Doku über den VW Bus kam in die Kinos.

2010 hatte der US-Filmer Damon Ristau, der selber VW-Bus-Fan und Fahrer eines 66er T1 ist, die Idee, seine beiden Leidenschaften zu verbinden und einen Film über den Bulli zu drehen. Der junge Regisseur wollte das Aussterben der Ikone thematisieren. Dies änderte sich aber schlagartig, als er im Zuge der Recherche die damals noch im Aufbau befindliche Halle von Volkswagen Nutzfahrzeuge Oldtimer betrat. Neben dem erhofften Archivmaterial und verschiedenen Zeitzeugen erlebte er auch das Entstehen einer Abteilung, die sich um das Erbe des Bulli kümmert. Fahrzeuge pflegt und wenn nötig auch restauriert. Wissen sowie Erinnerungen konserviert und in der Gegenwart erlebbar macht. So wurde der Film nicht wie geplant eine Dokumentation über den Untergang eines liebenswerten Automobils, sondern bekam ein Happy End, wie man es sich wünscht. Der Bulli wird weiterleben, war sich Ristau damals schon sicher. Die Zeit hat ihm recht gegeben. Der VW Bus wird immer beliebter, und ein Ende scheint nicht in Sicht.

Der Film zeigt in über 60 Minuten VW-Bus-Fans rund um den Globus, die den Bulli schon immer liebten. Natürlich teilweise klischeehaft mit Joints rauchenden Hippies in Woodstock, Surfern an einsamen Stränden und einem melancholischen Musiker. Der Film deckt somit alles ab, was viele Menschen mit dem Bulli verbinden: Friede, Freude und Freiheit auf Rädern.

Damon Ristau ist Bulli-Fan durch und durch. Es war sein Herzenswunsch, einen Film über den Bulli zu machen.

Zu sehen ist unter anderem auch der Musiker Dave Manning, der seinen Bus »Vincent« taufte und das Lied »Vincent rolls« über ihn schrieb. »Der VW Bus hat mich zu einem besseren Menschen gemacht«, erklärt Manning in der Dokumentation. Wenn man im Bulli unterwegs sei, werde man immer angesprochen. Jeder habe irgendeinen Bezug zu dem Bus, den er auch gerne sofort teilt. So kommuniziert man viel mehr mit fremden Menschen und hat immer ein positives Gesprächsthema.

T1 - 1950
Volkswagen Nutzfahrzeuge Kunden Center

So blickt der Bulli in die Zukunft. Tradition trifft Moderne.

CONCEPT CARS AUS DER WELT DES BULLI

BUZZ

___ Auch in der Zukunft verkörpert der Bulli das Klischee vom perfekten Strandauto.

59 Der T3 Traveller Jet 1979

Designers Traum

Ende der 70er Jahre stellte man sich die Zukunft zwar nicht mehr so utopisch vor wie in den 50ern, als man von fliegenden Pkw träumte, aber die Autos sollten schon anders aussehen. So gab es mehrere Skizzen von unterschiedlichen möglichen Versionen. Alle nahmen das Thema »Van«, wie man es schon seit einigen Jahren in den USA kannte, auf. Fenster in anderen Formen, Loungesessel und natürlich Luxus im Überfluss. Nur ein Fahrzeug wurde gebaut. Die Styling-Studie Traveller Jet bot, wie es sich für eine Studie gehört, mehr, als man damals für Geld beim Händler kaufen konnte.

Als Basis diente ein T3 von 1979. Der luftgekühlte Vierzylinder-Boxermotor wurde auf 90 PS »aufgebohrt« und erreichte damit eine Höchstgeschwindigkeit von bis zu 139 km/h. Das war immerhin gut zehn Prozent schneller als das Serienaggregat. Optisch fiel der Traveller Jet sofort auf. Allein die Klimaanlage, die wie ein gelandetes Ufo auf dem Dach aufgesetzt war, sah man schon von Weitem in Silber strahlen. Rundherum sorgte ein lackiertes Spoilerpaket mit neuen Stoßstangen für einen sportlichen Look. Am Heck prangte ein durchgehendes Band aus Leuchten, das wie aus einem Guss wirkte. Die Fenster wurden zwischen C- und D-Säule mit Lamellenblenden abgedunkelt, und zwischen B- und C-Säule sorgte ein Fensterband mit je fünf einzelnen Fenstern, die wie ein Glashaus anmuteten, für ein extrovertiertes Auftreten. Einige der Details fand man schon kurze Zeit später bei Bulli-Tunern im Programm wieder.

Innen fehlte es an nichts. Durch die Fensterbänder fiel sehr viel Licht ins Fahrzeug, und der Raum wirkte noch großzügiger. Luxus wie in der Business Class eines Jets. Sechs einzelne Ledersessel mit Armlehnen, ausklappbarer Tisch für die Getränke und für damalige Verhältnisse Hightech in Form von Röhren-TV und Autotelefon. So stellte man sich elegantes Reisen auf Rädern vor.

Zukunft auf vier Rädern in einer schönen Box verpackt. Die Studie Jetvan auf Basis des T3.

Das luxuriöse Showcar war ein Ausblick auf den Caravelle-Carat, der ein paar Jahre später auf den Markt kam. Mit dem Carat begann der Siegeszug des Transporters als anerkannte Reiselimousine auf Basis des T3.

60 Studie Hookipa 1991

Wo geht's denn hier zum Wasser?

Noch bevor Nik Andersen als cooler Surfboy mit seinem bunten T3 in der ARD-Fernsehserie »Gegen den Wind« über den Strand von St. Peter-Ording brauste und Hawaii zum Sehnsuchtsort einer ganzen Generation machte, baute Volkswagen die Studie Hookipa auf.

Schon der Name allein verkörpert den Surfkult schlechthin, ist Hookipa doch der wohl beste Surfspot der Welt. Der Fünfzylinder-Benzinmotor des T4 brachte mit seinen 110 PS eine Höchstgeschwindigkeit von bis zu 161 km/h auf die Straße. Optisch ist die Studie ganz im Stil ihrer Zeit gehalten. Die eher schlichte silberne Basis wurde mit grellen Aufklebern und Zierstreifen in Türkis, Lila und Pink verziert und verkörperte so den Zeitgeist der ausklingenden 80er Jahre. Das aerodynamische Hochdach bot die Möglichkeit, zwei Surfbretter zu verstauen, und zeigte so schon von Weitem, dass in dem Bulli nur coole Surfer sitzen konnten. Damit die sonnenhungrigen Insassen so viel Licht wie möglich bekamen, gab es im hinteren Bereich zwei übergroße Seitenfenster.

Drinnen war das Showcar doch recht weit von einer praktischen Innenausstattung für Surfer entfernt. Die drei Einzelsitze im Fahrgastraum konnten nur umständlich zum Bett umgebaut werden. Dafür gab es einen Stapel Polster, die Unmengen an Stauraum im Heck beanspruchten. Eine Möbelzeile, die bis zur Fensterbrüstung auf der Fahrerseite reichte, bot Platz für Kleidung und Ausrüstung. Wie es sich für die frühen 90er gehörte, war der Korpus in glattem Weiß mit einer Arbeitsplatte im »trendigen« grauen Graffiti-Dekor. Neben Stauraum gab es Platz für die Mikrowelle, die in keinem modernen Haushalt fehlen durfte und somit auch ein unverzichtbares Statement in der modernen Campingküche war.

Schrill und stylish sollte die Studie Hookipa den Zeitgeist der Surfer transportieren.

Optisch war die Studie ein Highlight, und auch heute noch ist sie ein Hingucker. Aber in der Praxis wäre das Mobil bei den Surfern wohl glatt durchgefallen. Es passten nur ausgewählte Surfbretter in das Hochdach, der verbaute Innenraum bot zu wenig Lebensraum und erst recht zu wenig Stauraum für eine komplette Surfausrüstung. Aber für ein Showcar war der Hookipa genau richtig. Denn er versprach den Traum von Strand, Wellen und Bulli-Feeling zu erfüllen.

TRANSPORTER

61 Studie Microbus 2001

Einmal Retro bitte

Frankfurt, September 2001: Die Studie Microbus wird erstmals von Volkswagen Nutzfahrzeuge in Deutschland auf der IAA präsentiert. Seine Premiere hatte der Bulli im Retrolook aber schon im Januar desselben Jahres auf der Messe NAIAS in Detroit. Mit seinen kurzen Überhängen und der Zweifarblackierung war seine Herkunft unverkennbar. Nach der guten Resonanz auf den New Beetle war man sich sicher, dass auch für einen Retro-Van der amerikanische Markt der wichtigste sein würde.

Somit war es nur konsequent, dass die Studie im kalifornischen Design-Center von Volkswagen entworfen und dementsprechend auch eher auf den amerikanischen Markt zugeschnitten wurde. Die Studie erhielt den Namen Microbus, weil der T1 damals in Amerika unter dem Namen Microbus verkauft wurde und noch heute extrem beliebt ist.

Mit einer emotionalen Formensprache und modernster Technik ausgestattet, zeigte der Microbus, wie man sich die Zukunft im Retrokleid bei Volkswagen Nutzfahrzeuge vorstellte: Der konventionelle Innenrückspiegel wurde durch ein Kamera-Bildschirm-System ersetzt. Eine Vielzahl an Bildschirmen für die Passagiere war in Zeiten vor dem Smartphone sehr begehrt, um sich die Zeit während der Fahrt zu vertreiben. Die Instrumententafel bot eine Art Joystick zur Steuerung der Automatik, ähnlich wie die Einhebelschaltung bei einem Schiff. Der sehr helle Innenraum setzte das beliebte und flexible Innenraumkonzept des erfolgreichen Multivan fort. Es gab sogar Skizzen, die den Microbus als Camper oder gar Pick-up zeigten.

2001 war die Studie Microbus die logische Fortsetzung nach dem New Beetle und unverkennbar ein Bulli-Nachfolger.

Überall auf der Welt, wo der Microbus ausgestellt wurde, waren die Reaktionen mehr als positiv, sodass man bei Volkswagen Nutzfahrzeuge in Stöcken die Serienfertigung am Hauptsitz in Hannover plante. 1.500 Arbeitsplätze sollten bei der neu gegründeten »Auto 5000« entstehen. Während der Entwicklungsphase veränderten sich allerdings die Rahmenparameter zu Ungunsten des Microbus, sodass man die bereits angekündigte Serienfertigung wieder absagte. Der Beliebtheit des Microbus tat dies keinen Abbruch. Im Gegenteil: Er wurde zum Vorbild vieler Miniaturmodelle, Puppenautos und Rutscheautos für Kinder, die noch heute bei Sammlern sehr beliebt sind.

California
4NBH367

62 Reisemobilstudie All-in-One 2001

Trendsetter für eine ganze Branche

Große Geheimniskrämerei war im Vorfeld des Caravan Salons 2001 in Düsseldorf notwendig. Denn Volkswagen Nutzfahrzeuge präsentierte eine Sensation, einen Meilenstein in der Reisemobilbranche. VWN hat mit dem Hymer Innovations und Design Center (IDC) ein Fahrzeug aufgebaut, das es so bis dahin noch nie gab. Die Studie »All-in-One« basierte auf einem modifizierten T4-Fahrgestell mit dem Projektnamen Multimax. Dieses Fahrgestell zeichnete sich durch eine verbreiterte Spur an der Hinterachse und einen längeren Radstand aus. Montiert waren damals ungewöhnlich große 18-Zoll-Aluminiumfelgen. Das Highlight aber war der aerodynamische, teilintegrierte Aufbau. Zu der Zeit war diese Klasse noch in der Minderheit bei Wohnmobilen. Doch der All-in-One brachte nicht nur die Klasse der Integrierten in Schwung. Er rüttelte auch die Branche wach, mutig zu sein und Innovationen in ihre Fahrzeuge einzubauen.

Mit einem zukunftsweisenden Leichtbau-Konzept zeigte die Studie Features, die etliche Jahre später zum Standard der meisten Wohnmobile gehörten. Es gab eine große Panoramascheibe über dem Fahrerhaus, eine auffällige Zweifarblackierung, ein variables Bad mit zweiter Aufbautür, um bei schlechtem Wetter als Schmutzschleuse zu dienen, eine damals noch völlig unbekannte LED-RGB-Ambientebeleuchtung, ein elektrisch absenkbares Bett über der Sitzgruppe und eine Aluminium-Sicherheitsfahrgastzelle. Außerdem modulare Staukisten, ein 360-Grad-Kamera-Überwachungssystem, Aluminium-Sandwich-Möbel, um das Gewicht zu senken, eine große Panorama-Heckklappe und eine Stauraumschublade unter dem Heck, die bei gutem Wetter auch als Terrasse diente. Bei all diesen Neuerungen war die Mikrowelle in der Küche fast schon oldfashioned.

Ein weiterer Blick in die Zukunft der Bulli-Geschichte waren die Außenspiegel des T4-Zugkopfes, die schon zu der folgenden fünften Transporter-Generation gehörten. Der All-in-One kam beim Publikum so gut an, dass man ihn 2002 noch einmal auf dem Caravan Salon präsentiert hat. In der Zeit zwischen den beiden Messen in Düsseldorf wurde die Studie auf mehreren Messen und Ausstellungen in Europa gezeigt. Das Konzept war in vielen Punkten seiner Zeit voraus. Eine Serienversion gab es, trotz Ankündigung eines Reisemobilherstellers, leider nie.

Trendsetter für eine ganze Branche. Die Studie »All-in-One« bot einen Ausblick auf die weitere Zukunft in der Reisemobilbranche.

ALL IN ONE

63 Chameleon Concept 2006

Hightech im Retrokleid

Ein T1 als Technologieträger im Silicon Valley schien bis 2006 eher abwegig. Der Kombi ist in Kalifornien zwar unbestritten das Surfer-Kultmobil, aber nicht wegen seiner innovativen Technik, sondern wegen seines zeitlos coolen Looks. So verwundert es auch nicht, dass die Ingenieure des Electronic Research Laboratorium (ERL) im kalifornischen Palo Alto den VW Samba optisch nahezu im Originalzustand ließen, als es darum ging, ein Showcar mit der Technik von morgen aufzubauen. Die Feinheiten und technischen Raffinessen erkennt man erst auf den zweiten oder gar dritten Blick.

Der 21-Fenster-Samba, Baujahr 1964, ist in der beliebten Farbkombination Tizianrot und Beige-Weiß lackiert und mit typischen Surfer-Devotionalien bestückt. Die zu öffnenden Frontscheiben (Safari-Fenster) und der Dachträger über die gesamte Dachlänge – inklusive authentischer Surfbretter – sind typisch für einen kalifornischen Surf-Bulli. Also perfekt für die Ausfahrt zum Strand, bei der man sicher nicht lange allein bleibt.

Nachdem die Hülle den Betrachter schon in den Bann gezogen hat, erkennt er die vielen Hightech-Innovationen. Scheinwerfer und Rückleuchten sind mit dem damals noch seltenen Leuchtmittel LED bestückt. Das Cockpit hat ein Runddisplay, auf dem viele Fahrzeugdaten angezeigt werden können. Gesteuert wird dies über das Touchpad, welches anstatt des Hupenknopfs im Lenkrad sitzt. Der iPod lässt grüßen. Die Navigation erfolgt via Google Earth und ermöglicht so einen völlig neuen Blickwinkel auf die Strecke. Ein Quantensprung im Infotainmentbereich. Da verwundert es niemanden, dass es eine Einparkhilfe ebenso wie eine Rückfahrkamera gibt. Im Fond sorgt ein unübersehbarer 80-Zoll-Spezialbildschirm für Kurzweil bei der Surfcrew.

Silicon Valley trifft Heide-Design. In die kultige T1-Hülle packten die Forscher des ERL Zukunftstechniken der Automobilindustrie.

Angetrieben wird das Future-Hippie-Mobil von einem Elektromotor. Die dafür notwendigen Batterien werden teilweise durch die in den Fake-Surfbrettern verbauten Solarmodule wieder aufgeladen. Für das »Anti-Establishment«-Statement am Heck sind Aufkleber obsolet. In der Studie kann man mit Hilfe einer hauchdünnen programmierbaren Folie seine Meinung oder Stimmung mit Zeichen und Symbolen immer aktuell kundtun und entsprechend verändern. Peace und Hang loose für Fortgeschrittene, könnte man sagen.

64 California Ocean Caravan Salon 2007

Aber bitte mit Bad

Nach dem Wegfall des T4 California Exclusive 2003 aus dem Portfolio stellte sich immer wieder die Frage nach einem Nachfolger. Wie so ein Fahrzeug aussehen könnte, zeigte VWN auf dem Caravan Salon 2007 mit der Studie California Ocean.

Die Basis stellte der T5 mit langem Radstand und einem festen Hochdach der Firma Polyroof dar. Durch diese Kombination standen knapp neun Kubikmeter Raum für den Ausbau zur Verfügung. Somit war auch Platz genug für den von den Exclusive-Liebhabern schmerzlich vermissten Sanitärraum mit WC und Handwaschbecken.

Der Grundriss erinnerte von der Raumnutzung her an sein Vorbild. Kein Wunder, waren doch in der »Business Unit Spezialfahrzeuge«, die für die Umsetzung der Studie verantwortlich war, zwei Leute beschäftigt, die schon den Exclusive »auf die Straße gebracht« hatten. Die Sitzgruppe bildete sich aus den gedrehten Vordersitzen und einer Klappsitzbank hinter dem Fahrersitz. Sie konnte zu einem bequemen Doppelbett umgebaut werden. Im Anschluss an die Sitzbank kam der Küchenblock mit 42-Liter-Kühlbox und Spüle-Kocher-Kombination. Der im Heck platzierte Sanitärraum verfügte über ein variables Raumkonzept mit einer Schwingtür und sorgte so für Privatsphäre. Für eine sorgenfreie Nutzung der »Nasszelle« wurde der Frischwassertank auf 50 Liter vergrößert. Für längere Touren war ausreichend Stauraum (auch für die Campingstühle) in Form von Fächern und Schränken im Heck vorhanden. Der vom California bekannte Campingtisch steckte auch bei der Studie in der Schiebetür. Das von Polyroof formschön gestaltete Hochdach bot neben der Stehhöhe eine weitere Schlafmöglichkeit in Form eines herunterklappbaren Bettes für zwei Personen auf einem Lattenrost. Durch eine große Dachluke konnte man vor dem Einschlafen die Sterne beobachten und fühlte sich weniger eingeengt.

In Serie ging die Studie aber nicht. Der Markt für Reisemobile hatte sich seit dem T4 Exclusive gewandelt. Kastenwagen mit Bad gab es inzwischen von vielen Herstellern auf Basis einfacherer Transporter zu sehr günstigen Preisen. In diesem Segment ging 2019 der Grand California auf Basis des Crafter erfolgreich an den Start.

Bei der Studie mit langem Radstand und festem Hochdach gab es Platz für ein vollwertiges Bad. Gedacht als Nachfolger des T4 Exclusive, blieb es aber bei dem Einzelstück für die Messe.

WOB TV 932

65 Pimp the Bulli

T2 Studie Motorshow São Paulo 2008

Während andernorts rund um den Globus Showcars in möglichst futuristischem Design gezeigt wurden, ging Volkswagen do Brasil 2008 auf der 25. São Paulo International Motor Show einen ganz anderen Weg.

Traditionell zeigte Volkswagen do Brasil auf der Messe jedes Jahr eine exklusive Version des Kombi beziehungsweise der »Old Lady«, wie der T2 in Brasilien liebevoll genannt wird. Schließlich wurde der Bus ja auch gleich nebenan im Werk Anchieta in São Bernardo do Campo, einem Vorort von São Paulo, produziert. Im Jahre 2008 sollte es auch etwas ganz Besonderes werden, denn der 50. Geburtstag des Dauerbrenners klang gerade ab, und so kreierten die Brasilianer Teco Caliendo and Eduardo Bernasconi eine Kombination aus Retrolook und Moderne. Von außen betrachtet war der deutlich tiefergelegte Bulli in der klassischen Farbgebung Rot-Weiß und mit hochglänzenden 17-Zoll-Alufelgen ein Hingucker für die Besucher. Kennern fielen außergewöhnliche Details auf, wie der Kühlergrill aus hochwertigem Aluminium statt aus Kunststoff oder die etwas andere Position der hinteren Stoßstange, wodurch das Gesamtbild deutlich harmonischer wirkte.

Innen durfte es dann radikal modern werden. Der Fahrer nahm hinter einem 3-Speichen-Volant aus Aluminium Platz und fand zu seiner Rechten eine geschwungene, durchgehende Mittelkonsole. Passend zum Lenkrad waren die Lüftungsdüsen, der Schaltknauf und die Pedale ebenfalls aus Aluminium. In dem rot lackierten Armaturenbrett sorgte ein Doppel-DIN-Radio für Unterhaltung. Die aus einer Naturfaser hergestellten Schalensitze im Fahrzeug gaben den Passagieren wie auch dem Fahrer den nötigen Halt, wenn auch der 1,4 Liter große Flexfuel-Motor keine sportlichen Attitüden versprach. Für die Unterhaltung der Gäste im Fond sorgte ein 42 Zoll großer Touchscreen-Monitor in Kombination mit einer satten Soundanlage.

Ein Messehighlight in São Paulo war die Studie des »gepimpten« T2.

Wie viele Showcars ging auch dieses Modell nicht in Serie. Aber bereits 2007 brachte VW do Brasil ja das Sondermodell »50 Anos Edição« auf den Markt, und dieses war zumindest in der Farbgebung Rot-Weiß erhältlich und sicher deutlich erschwinglicher, als es das Showcar geworden wäre.

66 Sie haben den Bulli geschrumpft

Studie Genfer Autosalon 2011

Auf dem Genfer Autosalon 2011 stand ein Fahrzeug mit dem Namen Bulli. Diese Studie sah aus wie ein geschrumpfter Microbus von 2001. Mit einer Länge von 3,99 Meter und einer Höhe von 1,70 Meter war sie sogar kleiner als ihr Vorbild, der T1. Von außen in schickem Rot-Weiß lackiert, sollte die Studie an die kultigen Bullis der ersten Generation erinnern. Aber irgendwie passten die Abmessungen so gar nicht zu dem, was man von einem Bulli erwartet. Zwar sollte sie auf zwei Sitzreihen Platz für sechs Personen bieten. Wenn man sich aber überlegt, wie eng die Passagiere dann in dem Fahrzeug aufeinandersäßen, sehnt man sich sofort einen Multivan herbei. Auch die Vorstellung, wie wenig Platz bei umgebauter Liegefläche noch im Fahrzeug übrig wäre, ließ keine Begeisterungsstürme bei den Fans aufkommen, die es doch gewohnt waren, dass man im VW Bus Platz im Überfluss hat.

Dennoch gab es eine Innovation, die aufhorchen ließ. Der Bulli sollte von einem Elektromotor angetrieben werden. Die Versorgung per 40 kWh großer Lithium-Ionen-Batterie hätte für eine Reichweite von bis zu 300 Kilometern gesorgt. Die Fahrleistung wurde mit 11,5 Sekunden für die Beschleunigung von 0 auf 100 km/h und einer Höchstgeschwindigkeit von 140 km/h angegeben. Man schob aber gleich nach, dass natürlich auch effiziente Benzin- und Dieselmotoren ins Portfolio kämen. Eine rein elektrische Variante war 2011 schier undenkbar.

Der Innenraum wurde, wie schon beim Samba, durch ein großes Panoramadach mit Licht geflutet. Allerdings erfolgte der Einstieg bei der Studie nicht durch bequeme Schiebetüren, sondern durch normale Pkw-Türen, was sie ebenfalls vom Konzept »Bulli« entfernte. Ein richtiges Highlight war aber das herausnehmbare iPad in der Mittelkonsole. Darüber sollten das gesamte Entertainment und die Navigation gesteuert werden. In der Halterung waren die Bedienelemente für die Klimaanlage und der Warnblinkschalter integriert. Per Drehschalter im Cockpit wurde die Fahrtrichtung gewählt und per Taste der Antrieb ein- beziehungsweise ausgeschaltet. Das Volant erinnerte mit seinen zwei Speichen wieder eindeutig an den Ur-Bulli T1. Daher blieb bei vielen der Eindruck, dass die Studie zwar an den Bulli erinnere, aber nicht an ihn herankomme oder ihn gar ersetzen könne. So erging es der Studie Bulli wie auch dem Microbus: Sie blieb ein Showcar.

Optisch ähnlich der Studie von 2001, aber deutlich kleiner: die Studie »Bulli«.

WOB GE 211

67 Rumstromern im Bulli-Style

Studie ID BUZZ 2017

In der VW-Szene in Amerika gibt es einen Running Gag. »VW zeigt eine Studie und sagt, dass sie bald gebaut wird.« Man kann gut nachvollziehen, dass auch bei der Vorstellung des ID BUZZ im Januar 2017 auf der Messe CES in Las Vegas genau diese Skepsis herrschte. Denn das Fahrzeug ist schon die dritte angekündigte Studie, die dem Ur-Bulli ähnlich sieht. Aber dieses Mal geht es nicht um ein Fahrzeug im Retrolook, es geht um einen Paradigmenwechsel in der Automobilbranche. Was liegt da näher, als den Liebling der Massen in ein neues Zeitalter des Automobils zu katapultieren? Ab 2022 soll es die erste Version des ID BUZZ geben.

Optisch erinnert er sofort an den kultigen T1. Mit seiner Form und Farbgebung ist er eindeutig für jeden als Bulli zu erkennen. Und der BUZZ – ausgesprochen wie Bus – macht es eindeutig: Dies ist der neue VW Bus. ID soll unter anderem für Identität, Idee, Individualität und Ikonen-Design stehen. Alles, was auf den T1 zutraf. Beste Voraussetzungen für ein neues Kapitel in der Geschichte des Bulli. Zukunftsweisend sind seine Ausstattung und sein Antrieb. Er soll sogar ab 2025 der erste vollautomatisiert fahrende Van mit Elektroantrieb werden. Mit einer Reichweite von bis zu 600 Kilometern käme er so weit wie heutige Benziner. Mit einer Systemleistung von 374 PS übertrifft er sein Vorbild um mehr als das Zehnfache und verspricht mit einer Beschleunigung in 5 Sekunden von 0 auf 100 km/h eine noch nie da gewesene Fahrdynamik. Dank des neuen Antriebes wird der ID BUZZ zum Raumwunder für bis zu acht Personen mit zwei Kofferräumen. Im automatisierten Fahrmodus verschwindet sogar das Lenkrad, dann können Fahrer und Beifahrer ihren Sitz um 180 Grad drehen und entspannt mit den weiteren Passagieren plaudern, während der Autopilot die Besatzung sicher ans Ziel chauffiert. Dass alle möglichen Hilfsmittel das Fahren mit und ohne Autopilot sicherer machen werden, ist ebenso selbstverständlich wie ein völlig neues Armaturenbrett, welches via Augmented Reality alle relevanten Informationen in den virtuellen Raum und per Head-up-Display an die Frontscheibe projiziert. Die meisten Funktionen werden dabei mit Touchpad gesteuert.

Zusammenfassend kann man sagen, der ID BUZZ transportiert das Bulli-Gefühl in die neue Zeit der Mobilität und hat das Zeug, ein würdiger Nachfolger der T-Baureihe zu sein.

Der ID BUZZ verbindet die Gene des Bulli mit der Technik von morgen. Elektrisch angetrieben hat er das Zeug, das Erbe der Ikone weiterzutragen.

Stylishes Interior: Studie California NoLimit im trendigen Weiß mit Apple Gadgets.

Kitsch, Kitsch, Kitsch: Jeder dekoriert seinen Bulli, wie es ihm gefällt.

FANS, FREAKS UND ALLES DRUM HERUM

SEE YOU AT WIBBLE WOBBLE CASTLE VW SHOW
GROOVY BUS
ANTIOQUIA REGION
3 323 0063

Küstendrive an der Elbe. Luftgekühlte Bullis und Käfer treffen sich zum gemeinsamen Camping.

68 Das Jogja Volkswagen Festival

Asiatisch, aber nicht nur süßsauer

Der Volkswagen Club Yogyakarta (VCY) wurde 1984 von fünf Studenten gegründet. Diese hatten damals nichts anderes im Kopf als ihre VWs. Mit der Zeit entwickelte sich der Club zu einem der bedeutendsten in ganz Indonesien und wurde in der weltweiten Szene bekannt. Wohl auch aufgrund des Treffens, das alle zwei Jahre in Yogyakarta stattfand. Längst hat es sich zum Treffpunkt für VW-Fans aus der ganzen Welt gemausert. Dabei ist es so erfrischend anders. Für Europäer ungewöhnlich ist wohl, dass ein großer Teil in klimatisierten Hallen stattfindet, was aber bei dem Wetter in Indonesien für die Besucher sehr angenehm ist. Es gibt eine schier unendliche Vielzahl an Fahrzeugstilen, niemand wird ausgegrenzt. Im Gegenteil, diese Diversität ist für einige Besucher sogar der Reiz, den halben Globus zu umrunden, nur um dabei zu sein. Egal, welche Stilrichtung man sucht, in Yogyakarta findet man sie. Über 25.000 Gäste waren es beim letzten Treffen.

Das Programm bietet eine Menge Abwechslung und einiges, was es so in Europa nicht gibt. Wer schon immer mal mit seinem Auto an einem Limbo-Wettbewerb teilnehmen wollte, hat hier die Chance. Ein lustiger und rückenschonender Vergleich, bei dem das niedrigste Fahrzeug in seiner Klasse gewinnt. Weltweit einzigartig ist auch der große Kunstbereich, in dem Installationen, die im weitesten Sinne irgendwas mit VW oder Porsche zu tun haben, bewundert werden können. Das kann dann auch mal eine Live-Performance sein, in der ein VW Bus bemalt wird oder alle Besucher einen Käfer veredeln dürfen. Natürlich gibt es Clubstände, Händlerstände und die üblichen »Show and Shine«-Wettbewerbe. Wobei hier auch Modell-Dioramen prämiert werden. Im Außenbereich findet man viele zu individuellen Foodtrucks umgebaute Bullis, die nicht nur indonesische Küche bieten. Empfindlichen Mägen sei aber etwas Zurückhaltung empfohlen, denn es geht sehr scharf zu.

Andere Länder – andere Sitten. Ein Treffen in Asien ist so ganz anders als in Europa.

Überwältigend ist die Freundlichkeit der Leute – und die überragende Handarbeit, die sie an den Tag legen. Dazu das perfekte Wetter und eine Tombola, bei der es auch mal einen T2 Camper zu gewinnen geben kann. Für alle VW-Enthusiasten ist ein Besuch dieses absolut einmaligen Festivals sehr empfohlen, da es das Tor zu einer ganz anderen VW-Welt ist.

Serbie

69 HO

DAS Treffen

Eine Stadt im VW-Fieber. Seit 1988 verwandelt sich die niedersächsische Kleinstadt Hessisch Oldendorf alle vier Jahre in das Mekka für die Liebhaber älterer, luftgekühlter Volkswagen. Was beim ersten Treffen mit 80 Teilnehmern beschaulich anfing, hat sich inzwischen zur Pilgerstätte für Fans aus aller Welt entwickelt, und die ganze Stadt macht mit.

Das Treffen wird mit einer Vorbereitungszeit von gut zwei Jahren von Traugott und Christian Grundmann organisiert. Mit einem großen Team an Helfern sorgen sie dafür, dass alles reibungslos läuft. Die beiden sind in der VW-Szene bestens vernetzt und mit ihrer Sammlung an uralten VWs eine Institution mit eigenem privaten Museum. Somit folgen ihrem Lockruf zum Treffen inzwischen VW-Fans aus der ganzen Welt, um ein Wochenende alte Freunde wiederzusehen, neue Bekanntschaften zu schließen und reichlich über altes Blech zu philosophieren. Die weiteste Anreise auf eigener Achse hatte 2017 eine Gruppe aus Malaysia, die drei Monate unterwegs war. So eine Aktion veranschaulicht, welchen Stellenwert das Treffen in der Szene hat.

Der innere Bereich der 18.000 Einwohner großen Stadt ist über das ganze Wochenende ein Diorama mit dem Titel »Alles VW«. Die Schaufenster der Geschäfte sind liebevoll mit VW-Devotionalien dekoriert. In allen Gassen und auf den Plätzen sind die historischen VWs nach Modellen sortiert aufgereiht. Natürlich gibt es dabei auch eine große Fläche nur für Bullis. Selbst in der Kirche steht ein VW-Ausstellungsstück. Die begehrten Teilnehmertickets, zu denen ein Stellplatz in der Innenstadt gehört, sind innerhalb von ein paar Tagen ausverkauft. Aber für alle anderen gibt es mehrere Campingflächen, auf denen sie schon Tage vor dem Event übernachten können. Teilnehmer und Besucher können eine Menge entdecken: Teilemarkt, Vorträge, Livemusik, Fahrzeugausstellungen und eine große Ausfahrt, bei der die Schwimmwagen die Weser sogar durch- statt überqueren wie die anderen Teilnehmer. Zum letzten Treffen 2017 kamen rund 45.000 Besucher ins Weserbergland, und man kann sich sicher sein, dass es beim nächsten Treffen nicht weniger werden. Denn es gibt wohl weltweit kein Treffen, auf das sich die rund um den Globus verteilte VW-Familie mehr freut als auf HO.

Ein Dorf ist Volkswagen. Der ganze Ort macht mit beim großen VW-Treffen alle vier Jahre.

Apotheke
Apotheke

70 Das wohl ungewöhnlichste Bulli-Treffen

Bullis zum Geburtstag

Es gab schon sehr ungewöhnliche Orte für Bulli-Treffen. Auf Rennstrecken, in Bergwerken oder in denkmalgeschützten Parks. Aber ein Bustreffen in Afghanistan ist wohl einzigartig. Jochen Reimer war als Berufssoldat mehrfach im Auslandseinsatz für die deutsche Bundeswehr. Unter anderem dreimal in Afghanistan bei den Aktionen der ISAF (International Security Assistance Force) in Masar-e-Sharif. Die ISAF war eine Nato-geführte Sicherheits- und Wiederaufbaumission im Afghanistankrieg von 2001 bis 2014. Jochen war während seiner zwölfjährigen Bundeswehrzeit in Husum stationiert, seine Einsätze in Krisengebieten dauerten jeweils vier bis fünf Monate. In Masar-e-Sharif war er Gruppenführer im Tanklager, und als Gefährt diente ihm ein T4 Kombi mit über 300.000 Kilometern auf dem Tacho. Das war dem Norddeutschen sehr recht, fuhr er doch zu Hause auch einen T4 Multivan.

Wenn man monatelang auf einer zweimal einen Kilometer großen Fläche zusammenlebt und -arbeitet, bleiben den Kameraden die eigenen Hobbys und Macken nicht verborgen. Jochens Kameraden wussten also, dass er mit seiner Familie in der Heimat öfter zu Bulli-Treffen fuhr, und er schwärmte immer wieder, was der Bulli doch für ein tolles Auto sei. So erwartete ihn an seinem 30. Geburtstag eine unglaubliche Überraschung. Er wurde von ein paar Kollegen in einer bunt dekorierten DoKa abgeholt. Auf der Ladefläche war ein Sitz installiert, und so wurde er wie ein König in einer Sänfte über den Platz gefahren. Das allein war schon eine tolle Geste für den Bulli-Fan. Was ihn aber erwartete, als sie um die Kurve zu einem Hangar fuhren, verschlug ihm die Sprache. Die Kameraden hatten alle VW Busse des Stützpunktes zusammengeholt, um anlässlich seines Geburtstags das erste Bulli-Treffen am Hindukusch zu feiern. So konnten die Teilnehmer sich an dem Anblick von 15 Bullis von T3 bis T4 mit unterschiedlichen Aufbauten erfreuen.

Glücklicherweise war Jochen zu dem Zeitpunkt schon verheiratet und kam so um das traditionelle Fegen für unverheiratete 30-jährige Männer herum. Er wäre damit bei dem vielen Sand in der Wüste wohl auch nie fertig geworden ...

Das wohl einzige Bulli-Treffen, dass es je in Afghanistan gab, war eine tolle Abwechslung für alle Beteiligten und ein einzigartiges Geburtstagsgeschenk.

ISAF

71 Die Bulli-Prospekte

Eine Zeitreise auf bedrucktem Papier

In der heutigen Zeit von Internet und Onlinekonfigurator kommen tatsächlich manche Autohersteller auf die Idee, die gedruckten Prospekte für ihre Fahrzeuge abzuschaffen. Dabei gehören diese für die meisten Kunden seit jeher zum Autokauf einfach dazu. Man fängt an, sich für ein Fahrzeug zu interessieren, und geht in ein Autohaus, um sich zu informieren. Dort durchstöbert man die Ausstellung und erkundet das Mobil seines Begehrens. Meist kauft man nicht sofort, sondern braucht etwas Zeit. Und genau hier kommt der Katalog ins Spiel. Man nimmt ihn mit nach Hause und kann dort immer mal wieder durch die Seiten blättern, Notizen machen und in Ruhe vom neuen Automobil träumen.

Für den Bulli gab es vom ersten Modell an immer Prospekte. War dies beim ersten Bulli noch eine Art Flyer im Format A5 mit Schwarz-Weiß-Bildern und gänzlich ohne Text, entwickelten sich die Kataloge im Laufe der Zeit sogar zu kleinen Kunstwerken. So zeichnete der Grafiker Bernd Reuters viele kunstvolle Motive für die kreativ gestalteten Prospekte. Diese verzerrten auch schon mal die Proportionen, aber waren immer ein Genuss für den Betrachter. Damals entstanden zielgruppenorientierte Prospekte mit aufwendigen Layouts, teilweise revolutionär für die Werbebranche, und das ganz ohne Hilfe von Computertechnik. Später ging es mehr und mehr auch um die Details. So kamen technische Zeichnungen und Informationen hinzu. Eine Zeit lang bekam man neben dem Prospekt und der Preisliste auch ein drittes Druckwerk mit den technischen Daten für den Bulli beim Händler. Die Motive im Katalog waren über viele Jahrzehnte von lebensnahen Szenen geprägt. Dies änderte sich mit Einführung des T5. Plötzlich schien es, als seien Menschen tabu. Schlicht und technisch kamen die ersten Kataloge der fünften Generation daher. Aber schon nach kurzer Zeit menschelte es wieder in den Broschüren, bis heute spiegelt der Katalog das Lebensgefühl Bulli mit lachenden Familien, schwer schaffenden Handwerkern und attraktiven Sportlern.

Sie waren Kunstwerke. Die ersten Bulli-Prospekte von Bernd Reuters.

Wie begehrt Bulli-Prospekte sein können, zeigt sich im Internet und auf Sammlerbörsen. Dort werden bis zu mehrere hundert Euro für bestimmte Ausgaben bezahlt. Das haptische Vergnügen, welches man beim Durchblättern eines Prospektes hat, kann eben kein Computerbildschirm ersetzen.

VW.-Kleinbus... der große Volkswagen für kleine Gesellschaften

72 The Upside-Bikes-Bus

Hilfe und Motivation auf vielen Rädern

Die Australier Libby und Joseph Lombardo waren beruflich sehr erfolgreich und gründeten eine Familie. Die Geburt ihrer Zwillinge Isabella und Joey war die Krönung ihres Glücks. Doch dann diagnostizierten die Ärzte bei Isabella unheilbare Infantile Cerebralparese (kurz ICP). Durch ICP wird die übliche Entwicklung des zentralen Nervensystems gehemmt, und es kommt zu Beeinträchtigungen der Reflexe, Bewegungen und Körperhaltung. Die Ärzte prognostizierten für Isabella ein Leben im Rollstuhl. Doch das wollten Libby und Joe nicht akzeptieren. Sie brachten die Kleine in die USA, wo sie einer umstrittenen Operation unterzogen wurde. Aber die Ergebnisse gaben den mutigen Eltern recht, Isabella hatte sofort weniger Schmerzen und konnte sich immer besser bewegen. Es wird noch eine lange Reise sein, bis sie selbstständig gehen kann, aber sie kämpft tapfer und erfreut sich an den kleinen Erfolgen.

Ihre Eltern gründeten das »Team Isabella Lombardo«, eine Wohltätigkeitsorganisation, die Geld für den Kampf gegen Cerebralparese sammelt. Unter »The Unknown Upside« haben sie 2019 einen sehr berührenden Dokumentarfilm über ihr Leben veröffentlicht, um zu zeigen, dass man mit Träumen und Entschlossenheit eine Menge schaffen kann und auch die kleinen Dinge im Leben sehr wichtig sein können. Wie zum Beispiel für ein Kind das selbstständige Herumrasen auf einem Fahrrad. Etwas, was für Isabella nur mit einem speziellen und extrem teuren Rad möglich ist. Glücklich über die Fortschritte ihrer Tochter posteten die Eltern ein Bild von ihr beim Radfahren und bekamen viele Reaktionen, aber auch Nachrichten von Eltern, die nicht so viel Geld aufbringen konnten.

Mit dem Bulli und Rad unterwegs für mehr Mut und Mobilität.

Das erste Fahrrad ist immer ein besonderer Moment für ein Kind, und diesen Moment sollten so viele wie möglich erleben, findet Joseph. Um das zu ermöglichen, motivierte er den Hersteller, fünf Räder und 15 Bausätze zu spenden. Unter dem Namen Upside-Bikes verlosten sie die Räder. Hatte ihr Multivan bis dahin der Familie gute Dienste beim Reisen geleistet, war er nun perfekt, um die Räder zu den Gewinnern zu transportieren. Die vierköpfige Familie fuhr mit einem Dachzelt auf ihrem Bulli über viele tausend Kilometer durch den roten Kontinent und brachte mit den Fahrrädern den Kindern ein Stück Lebensqualität, um mit anderen Kindern glücklich durch die Nachbarschaft zu brausen.

TEAM ISABELLA LOMBARDO
Every Kid Deserves a Bike
upsidebikes.com.au
Upside
BIKES
BILL BUCKLE VOLKSWAGEN

73_ Volkswagen Nutzfahrzeuge Oldtimer

Erinnern, Erleben, Erhalten

Direkt nach dem gigantischen Bulli-Treffen in Hannover ging es 2007 mit der Gründung von Volkswagen Nutzfahrzeuge Oldtimer los. Zunächst stellte ein kleines Team einen Plan auf, wie man in Zukunft die Traditionspflege, neudeutsch Heritage, für die Marke umsetzen könnte. Schnell wurde klar, dass man kein Museum zum Angucken braucht, sondern eine Abteilung, die sich aktiv um das Erbe der Marke kümmert - Fahrzeuge, die auf der Straße zu sehen sind und genutzt werden, wie es sich eben für Nutzfahrzeuge gehört. Man wollte Ansprechpartner vor Ort sein, die Marke der Szene näherbringen und in Zusammenarbeit mit Volkswagen Classic Parts die Teileversorgung für die alten Bullis verbessern.

Schon in der Saison 2008 begann man mit dem Besuch der ersten Treffen und baute schrittweise die Sammlung auf. Wichtig war, dass die Fahrzeuge auch eine Geschichte erzählen können. Es wurde ein Technikteam zusammengestellt, welches aus Fachleuten bestand, die schon früher an den alten Fahrzeugen geschraubt hatten. Sie legten nun ein hohes Maß an Engagement an den Tag, um die kleine Einheit aufzubauen. Dies sprach sich in kürzester Zeit rum, und so bekamen die Spezialisten in Hannover auch immer wieder Familienschätze angeboten, die in »gute Hände« kommen sollten. Wie den T1 Camper aus Familienbesitz, bei dem die Übergabe der »kleine« Filous machte, der auf einem Bild mit dem Opa vor dem T1 beim ersten Urlaub zu sehen war. Oder ein T1 Samba mit sehr niedrigem Kilometerstand von einer Familie, deren Oma der Bulli gehörte, die zwar gar keinen Führerschein hatte, den Bus aber gekauft hat, damit die Familie mit ihr am Sonntag ins Blaue fuhr. So können fast alle Fahrzeuge ihre Geschichte erzählen und haben oft (natürlich) auch einen Namen. Denn Emotionen spielen bei Volkswagen Nutzfahrzeuge Oldtimer eine große Rolle. So auch, wenn es darum geht, ein Fahrzeug, welches in der eigenen Werkstatt über Jahre hinweg restauriert wurde, wieder in den Dienst zu stellen oder an einen externen Kunden zu übergeben. Ein feierlicher Moment, eben wie eine Familienfeier.

Die Sammlung umfasst mittlerweile weit über 100 Fahrzeuge von allen Typen der Marke. Ein kleiner Teil davon kann sogar gemietet werden. Das lebendig gelebte Motto lautet: »Erinnern, Erleben, Erhalten«. Mit diesem Engagement ist Volkswagen Nutzfahrzeuge Oldtimer ein anerkannter Teil der VW-Bus-Szene geworden.

__ Die Sammlung von Volkswagen Nutzfahrzeuge Oldtimer umfasst über 120 Fahrzeuge, von denen der überwiegende Teil auch zugelassen ist und eingesetzt wird.

H VW 890 H

74 Bullis in Museen

Geschichte unter Dach

Es existiert leider kein Bulli-Museum. Das ist einerseits nicht schlimm, als »mobiles Ausstellungsstück« ist er schließlich auf allen Straßen der Welt zu Hause. Und jeder einzelne Bulli und seine Geschichte sind etwas Besonderes. Aber zugegeben, es gibt natürlich einige geschichtsträchtige Exemplare, die man sich gerne einmal im Stand genauer ansehen würde. Ein paar von ihnen findet man auch tatsächlich in Museen oder in temporären Sonderausstellungen. So gibt es zum Beispiel in Wolfsburg im Automuseum einige Exoten und frühe Bullis zu bewundern, und in der Autostadt sind im Zeithaus und im Nutzfahrzeuge-Pavillon durchgängig auch historische Bullis zu sehen. Bei Volkswagen Nutzfahrzeuge in Hannover stehen natürlich die meisten Transporter auf einem Fleck, auch wenn das leider kein Museum mit geregelten Öffnungszeiten ist.

Das Erwin Hymer Museum in Bad Waldsee zeigt die »Welt des mobilen Reisens«. Da darf natürlich auch ein VW Bus nicht fehlen. Darüber hinaus gibt es etliche Museen, in denen vereinzelt Fahrzeuge zu bestimmten Themen stehen. Sonderausstellungen zu einzelnen Baureihen des Bulli bei Jubiläen sorgen dafür, dass es immer wieder Möglichkeiten gibt, ein paar schöne Exemplare wettergeschützt anzusehen. Wie zum Beispiel auf der Sonderausstellung »50 Jahre T2« zum Geburtstag des T2 im PS-Speicher in Einbeck.

Ebenfalls interessant war die Sonderausstellung »Die Bullibauer« 2016 im Historischen Museum in Hannover. Neben einigen Fahrzeugen konnte der Besucher die Geschichte des Werkes in der niedersächsischen Hauptstadt kennenlernen und Erlebnisse von vielen Zeitzeugen erfahren. Einen Teil der Ausstellung zeigt Volkswagen Nutzfahrzeuge Oldtimer bei passenden Gelegenheiten immer wieder. Dann gibt es natürlich noch private Sammlungen und Museen rund um den Globus. Leider sind sie oft ein Geheimtipp, und die »Eintrittskarte« ist meist der Freund eines Freundes, der jemanden kennt (man kennt das Spiel ...). Doch ein paar dieser privaten Sammlungen öffnen ab und an für jeden die Türen. So zum Beispiel die Sammlung des Vereins »IG T2« oder das Museum der Familie Grundmann in Hessisch Oldendorf alle vier Jahre beim VW-Veteranen-Treffen oder nach Vereinbarung. Und wer weiß, vielleicht bekommt der Bulli ja irgendwann doch noch ein eigenes Museum. Verdient hätte er es.

Der PS-Speicher in Einbeck bot seinen Besuchern eine Sonderausstellung zum 50. Geburtstag des T2.

H-PW 209
Bergwacht
BW
Schwarzwald
FR-CU 918

75 Die Modell-Bullis

Kleine Autos für große Augen

Wiking, Herpa, Brekina sind nur drei Namen von vielen, die Sammlerherzen höherschlagen lassen. Denn nur wenige Menschen haben den Platz (und das Geld), Bullis, die sie schön finden, im Maßstab 1:1 zu sammeln. Bringt diese Art der Sammlung neben einem hohen finanziellen Aufwand doch auch jede Menge Arbeit mit sich. Die kann zwar in Spaß münden, wenn man mit dem Bulli durch die Landschaft cruist, aber jeder Mensch hat ja nur einen Popo und kann immer nur ein Fahrzeug zur gleichen Zeit fahren und genießen.

Da hat es der Modell-Sammler schon deutlich einfacher. Je nach Maßstab nehmen die Flitzer nur wenig Platz in Anspruch und sind auch deutlich günstiger als ihre großen Vorbilder. Sehr beliebt sind bei Sammlern zwei Maßstäbe: 1:87 und 1:18. Der große Maßstab 1:18 bietet den Herstellern die Möglichkeit, sehr detailgetreue Modelle zu fertigen, bei denen sich die Türen und Klappen öffnen lassen und teilweise auch die Lenkung funktionsfähig ist. Dazu dann noch das eigene Nummernschild angeschraubt, und fertig ist das Lookalike für den Schreibtisch.

Beim Maßstab 1:87 (bei Modelleisenbahnen auch H0 genannt) gibt es eine schier unendliche Auswahl an Fahrzeugen. Allein vom T1 soll es über tausend verschiedene Varianten geben. Dabei unterscheidet der Sammler auch nach Dekoren oder Beschriftungen. Es gibt eine unübersichtlich große Anzahl an individuellen Sondermodellen, sodass man sich beim Sammeln meist auf einen bestimmten Bereich wie zum Beispiel Camper festlegt. Neben der praktischen geringen Größe der Modelle ist ein weiterer Vorteil, dass es für das Modellbauerherz eine große Auswahl an Gebäuden und Accessoires gibt. So kann man in langen Winternächten detailgetreue Dioramen bauen.

Wer sich einfach nur an dem Anblick so einer kleinen heilen Welt erfreuen will, dem sei das Miniatur Wunderland in Hamburg empfohlen. Auf der 1.499 Quadratmeter großen Anlage kann man Bullis in vielen unterschiedlichen Situationen entdecken. Und wer weiß, vielleicht gibt es dort ja irgendwann mal das erste Modell-Bulli-Treffen.

Dieses Modell kann man nicht kaufen. Der Goldene Bulli wird von einer unabhängigen Jury für besondere Hilfsprojekte im Handwerk vergeben.

DER GOLDENE BULLI 2018
HANDWERK BEWEGT

76 Die BulliKartei

Getrennte Scheibe - verbundene Fans

Es gibt eine unüberschaubare Anzahl an Bulli-Clubs, Interessengemeinschaften oder losen Zusammenschlüssen von Bulli-Enthusiasten. Einige von ihnen sind sogar eingetragene Vereine mit der notwendigen Satzung und Zielen, die sie verfolgen.

So ein Verein ist die BulliKartei, die am 18. Juli 1987 gegründet wurde, ein »echter« Verein mit demokratisch gewähltem Vorstand. Der Name entstand, weil ein Fahrzeugregister als Ergänzung der heute nicht mehr bestehenden Bulli IG geschaffen werden sollte. Inzwischen ist die BulliKartei der weltweite Verein für alle Freunde des VW Typ 1 der ersten Generation, also denen mit getrennter Frontscheibe, die in Deutschland gefertigt wurden. Das Fahrzeugregister umfasst über 2.700 Fahrzeuge, und der festgeschriebene Zweck des Vereins liest sich fast wie eine Liebeserklärung an den Bulli. Es sollen die gemeinsamen Interessen von Liebhabern des T1 wahrgenommen werden. Die originalgetreue Restaurierung und Erhaltung der Fahrzeuge soll gefördert und in einem Fahrzeugregister dokumentiert werden. Hierfür wird jegliches dokumentarisches Material gesammelt. Man will die Mitglieder in Bulli-Fragen zum T1 beraten und Kontakt zu anderen Clubs unterhalten. Kurz, alles das, was die VW-Bus-Szene ausmachen sollte, haben sie sich ins Lastenheft geschrieben.

Ebenso wurde festgelegt, was die Vereinsschrift »BulliExpress« beinhalten soll. Zum Beispiel Reparatur- und Restaurierungsberichte, Reiseberichte sowie Informationen zu Sondermodellen und Abdrucke von alten Testberichten. Auch einen Kleinanzeigenteil sollte der Express enthalten. Heute ist der Kleinanzeigenteil auf der eigenen Homepage sicher eher der Anlaufpunkt für Ersatzteile. Oder aber die Teile werden auf dem Jahrestreffen getauscht oder verkauft. Dieses findet immer am Himmelfahrtswochenende statt. Es dient nicht nur dem Wiedersehen der Vereinsmitglieder, es bildet auch den Rahmen für die Hauptversammlung, um so möglichst vielen Mitgliedern die Mitbestimmung zu ermöglichen.

Der Verein BulliKartei widmet sich ausschließlich der ersten Transportergeneration.

Wie in jedem Sportverein gibt es aber auch aktive und passive Mitglieder. Man muss also gar keinen Bulli besitzen, um Mitglied zu sein und den Verein bei seiner Arbeit zu unterstützen.

Kiosk
der Berufsschule

77 Die Bulli-Vermietung

Glück auf Zeit

Man sagt zwar, Glück kann man nicht kaufen, aber wer einen Bulli mietet, macht schon mal einen Schritt in die richtige Richtung. Es gibt sicherlich einige Gründe, warum man keinen Bulli besitzt oder besitzen möchte. Für all die, die aber trotzdem nicht auf das Gefühl von Freiheit und Unabhängigkeit verzichten wollen, heißt die Lösung: Bulli-Vermieter.

Es gibt eine unübersehbare Vielzahl an Firmen und Privatpersonen, die Bullis vermieten. Letztendlich entscheiden das Budget und der Geschmack, mit welchem Fahrzeug es auf Entdeckungsreise geht. Und so mancher Vermieter hat seine Leidenschaft zum Beruf gemacht. So auch Johannes Vieten aus Hamburg. Mit 18 kaufte er mit sieben Freunden einen 88er T3, der fortan als rollendes Party- und Urlaubsmobil diente. Es folgten noch etliche weitere Mobile, mit denen er ganz Europa erkundete. 2015 nahm er allen Mut zusammen und gründete die Vermietung »Ahoi-Bullis«. Kein seelenloser Verleih, sondern ein Full-Service-Angebot mit Bulli-Leidenschaft. So kann man Tourenpakete, Sportequipment oder einen gefüllten Kühlschrank buchen. Nach einer ausführlichen Einweisung mit Tipps und Tricks für den California heißt es nur noch einsteigen und losfahren. Bequemer geht es nicht.

Wer es richtig nostalgisch möchte, kann natürlich auch ältere Bullis mieten. So bietet zum Beispiel Volkswagen Nutzfahrzeuge Oldtimer quasi »ab Werk« die Möglichkeit, aus einer Vielzahl von Fahrzeugen zu wählen. Vom T1 Samba über den T2 Camper und T3 Multivan bis hin zu T4/T5 bietet die Flotte aus Hannover für jeden Anlass das passende Fahrzeug.

Egal, mit welcher Bulli-Generation man unterwegs sein möchte, man kann fast jede Variante mieten.

Am anderen Ende der Welt, in Neuseeland, findet man bei Classic Campers den passenden Oldie für einen Roadtrip. Andrea und Bevan hatten nach einem Bulli-Roadtrip durch Europa die Idee, auch in Neuseeland alte Bullis zu vermieten. Schnell zeigte sich, dass es eine gute Eingebung war, und ihre Flotte wuchs bald auf über zehn Bullis an. Alle individuell, aber praktisch ausgestattet, warten sie auf Touristen aus aller Welt, um von ihnen durch das Land der Kiwis gelenkt zu werden.

H VW 968H
HH AB 3055

78__ Bulli-Hotels

Schlafen mit Stil

Eigentlich gilt der VW Bus als mobiles Hotel, als Haus auf Rädern oder wie ein beliebter Spruch es beschreibt: »Home is where you park it.« Ist ein Bulli-Hotel da nicht ein Widerspruch in sich? Nicht unbedingt, das Ganze kann sogar ein großer Spaß sein und eine tolle Alternative zu langweiligen Hotels. Wenn man es richtig angeht. Es gibt Anbieter, die fahrbereite Bullis an einen exotischen Ort stellen und dort zu besonderen Gelegenheiten vermieten. In England konnte man vor einiger Zeit mal im »Hotel California« einchecken. Fünf Fahrzeuge standen auf dem privaten Luxusanwesen Temple Island in der Themse und wurden für 44 Euro pro Nacht vermietet. Auf dem Metal-Festival in Wacken kann man seit einiger Zeit ebenfalls in einem Hotel California übernachten. Luxus-Camping pur in der Nähe der Bühne und mit eigenem Kühlschrank, damit das Bier nie warm wird.

Dann gibt es VW Busse, die zu zertifizierten Hotelzimmern umgebaut wurden und gar nicht mehr fahren. Wie die T2-Bullis im Heide-Park Resort bei Soltau. Passend zum Beachlife stehen die Bullis verstreut in weißem Sand am Wasser und versprühen sofort Urlaubsfeeling. Im Bulli selbst gibt es ein bequemes Doppelbett, eine Musikanlage, elektrisches Licht und natürlich eine Heizung für die kühleren Nächte. Geöffnet allerdings nur im Sommer. 365 Tage im Jahr kann man dagegen im Basecamp in Bonn übernachten. Dort hat man die Wahl zwischen einem T2 oder T3 beziehungsweise einer großen Auswahl an Wohnwagen – Camping wetterunabhängig in einer großen Lagerhalle bei angenehmen Temperaturen. Wer es etwas exotischer möchte, findet im Vessels Hostel in Manila einen T2 als Hotelzimmer. Perfekt in Kombination mit einem Surfkurs, denn wer Bulli fährt, ist oft auch ein cooler Surfer. Oder man chillt ganz entspannt in einem T2 Camper des Sol Beach House auf Ibiza und lauscht der Musik.

Das skurrilste Hotelzimmer im Bulli-Look gab es wohl 2018/19 in Schweden. Im bekannten Icehotel schläft man in echten Iglus. In der Art-Suite »Spruce Woods« erschufen die Designer Chris Pancoe und Jennie O'Keefe ein Zimmer, in dem ein T1-Bulli aus Eis stand. Man konnte gemütlich eingekuschelt auf Fellen in Schlafsäcken liegen und sich an dem Anblick des T1 erfreuen. Es sieht viel kälter aus, als es ist – definitiv die coolste Möglichkeit, ein Hotelzimmer im Bulli-Style zu kreieren.

___ Wer möchte bei dem Anblick schon schlafen? Der T1 war ein begehrtes Motiv im Icehotel. Und ließ nicht nur Bulli-Fans warm ums Herz werden.

79__60 Jahre Bulli

Das legendäre Treffen

Das Wort legendär wird manchmal inflationär gebraucht, wenn es aber um das von Volkswagen Nutzfahrzeuge veranstaltete Bulli-Treffen im Jahr 2007 geht, gibt es keine treffendere Bezeichnung. Noch über zehn Jahre später schwärmen die Teilnehmer von dem historischen Treffen. Diese Veranstaltung war gleich in mehrfacher Hinsicht bedeutend: Es war das erste von VWN veranstaltete Bulli-Treffen, das bis dahin meistbesuchte Treffen und zudem der Startschuss für die Abteilung Volkswagen Nutzfahrzeuge Oldtimer.

Eigentlich hätte es statt »60 Jahre Bulli« heißen müssen: »60 Jahre Idee Bulli«, denn 1947 gilt als das Jahr der ersten Bulli-Skizze. Nichtsdestotrotz stellten die Hannoveraner ein gigantisches Event zum Jubiläum auf die Beine. Es kamen weit über 5.000 Bullis aus 28 Nationen auf die offiziellen, schnell ausgebuchten Stellplätze. Viele weitere bevölkerten die Umgebung – und sorgten schon bei der Anreise für einen Stau auf der Autobahn. Über 70.000 Menschen kamen an dem Wochenende auf das Messegelände nach Hannover, um dort die Camping- und Ausstellungsflächen zu besuchen und in die Welt des Bulli einzutauchen.

Für die Camper begann der Morgen mit einer Überraschung. An jedem Bulli hing ein Beutel mit frischen Brötchen und den Tageszeitungen, die schon auf der Titelseite von dem Treffen berichteten. Später jagte ein Highlight das nächste. Barbara Schöneberger moderierte mit Witz und Charme die Bühnenshow, bei der sich namhafte Künstler die Klinke in die Hand gaben, abwechselnd mit schönen Bulli-Geschichten. So verging die Zeit wie im Fluge, und schnell stellte Schöneberger fest: »Wer einen Bulli fährt, ist cool drauf. Bulli ist ein Lebensgefühl.« Am zweiten Abend fand mit dem Konzert von der britschen Kultband The Who der würdige Abschluss statt. Der Vorstand von VWN gab sich sichtlich beeindruckt von der Fangemeinde, die der Bulli hat, und versprach noch am Abend, dass man das Erbe mit Leidenschaft weiter pflegen werde.

___ Die offiziellen Stellplätze waren schon lange vor dem Treffen ausverkauft. Darum wurde die gesamte Umgebung kurzum auch zum Bulli-Stellplatz erklärt.

Weltweit wurde über das Treffen und den Kult um den VW Bus in den Medien berichtet. Sogar in der bedeutenden 20.15-Uhr-Tagesschau der ARD. Ob es noch einmal so ein Treffen geben wird, weiß niemand. Aber sicher ist, wer 2007 nicht dabei war, hat etwas Sensationelles verpasst.

43

80 Bullis Bringen Freude

Hilfe ohne Eigennutz

Hilfsaktionen gibt es viele. Nicht bei allen kommen sämtliche Spenden auch bei den Bedürftigen an, und die allerwenigsten werden mit Bullis durchgeführt. Anders bei der Aktion »Bullis Bringen Freude«, kurz BBF genannt, unter der Leitung von Michael Steinke. Alle gespendeten Güter werden direkt zu den Hilfsbedürftigen gebracht. Von den Spenden werden keine Verwaltungs- oder gar Kraftstoffkosten gezahlt, die übernehmen alle freiwilligen Helfer selbst. Ehrensache, finden sie.

»VW-Transporter – Helfer in Not und Gefahr«, titelte mal ein alter Volkswagen-Werbespruch. Viele Jahre später, im Jahre 1992, eskalierte der Jugoslawien-Konflikt, und einige Mitglieder der BulliKartei e. V. erinnerten sich an ebendiesen Spruch. Ihre Bullis waren zwar schon etwas älter (die jüngsten Baujahr 1967), aber immer noch einsatzbereit und zu schade, um nur zur Eisdiele zu fahren. Ein Nutzfahrzeug sollte doch auch nützlich sein, war der einhellige Tenor auf einem Treffen. Und so entstand eine sprichwörtliche Schnapsidee, die zusammen mit Naivität und Übermut zu einer tollen Aktion führte: Es sollte eine kleine, mobile Hilfsorganisation mit VW-Transportern entstehen. Dass es aber mehr als nur der Bullis bedurfte, wurde allen Beteiligten spätestens klar, als der erste Konvoi nach Sarajevo abgesagt werden musste, weil Krieg war. Eine sorgfältige Planung war also ebenso notwendig wie der Wunsch zu helfen. Da man mit dem Sammeln von Hilfsgütern aber schon begonnen hatte, wurde ein alternatives Ziel in Rumänien mit sechs T1 angesteuert. BBF 1 war geboren und ein Erfolg – für die Notleidenden wie für die Helfer ein tolles Gefühl.

Seitdem wurden schon über 100 BBF-Aktionen durchgeführt. Nicht immer geht es in ehemalige Krisengebiete, und inzwischen fahren auch modernere VW Busse mit. Aber das Ziel ist immer das gleiche: uneigennützig helfen und dabei ein bisschen Freude mitbringen. So wird neben dem klassischen Transport von Hilfsgütern zum Beispiel auch ein Shuttledienst bei einem Schulfest für Kinder mit Handicap organisiert oder ein Ausflug ins Blaue mit den Nonnen vom benachbarten Kloster. Es ist immer wieder bewundernswert, mit wie viel Engagement und Enthusiasmus das BBF-Team seine Urlaube und freie Zeit opfert, um anderen etwas Gutes zu tun. Dafür an dieser Stelle einfach mal DANKE.

Mit Bullis Gutes tun. Die Aktion »Bullis Bringen Freude« hilft Bedürftigen mit Hilfstransporten.

MOTO SERVIS

In England gehören Fahnen einfach zu einem Bulli-Treffen dazu.

81 Das Bulli-Treffen zur Silberhochzeit

Das beste Geschenk für die Eltern

Dass einige frisch vermählte Paare auf ihrer Hochzeitsreise einen Stopp auf einem Bulli-Treffen einlegen, kann man sich vorstellen. Sogar Hochzeiten auf einem Bulli-Treffen soll es schon gegeben haben. Aber ein eigenes Bulli-Treffen als Geschenk? Das ist wohl einmalig.

1999 beschließen Silke und Peter Reimer aus dem beschaulichen Kropp in Schleswig-Holstein, sich nach nur 23 standesamtlichen Ehejahren den kirchlichen Segen für die »wilde Ehe« zu holen. Nach dem Entschluss, diesen Schritt zu wagen, machen sich die beiden auf die Suche nach einer passenden Kirche. Peter war zu dieser Zeit beruflich viel im Norden unterwegs. Bei einer seiner Touren wurde er auf ein Werbeplakat für ein VW-Bus-Treffen in Ratzeburg aufmerksam. Wohl mehr als Marketinggag gedacht, wurde in Verbindung mit dem Treffen eine Hochzeit im Ratzeburger Dom angeboten. Diese Gelegenheit, gleich zwei Dinge das erste Mal im Leben zu machen, heiraten und ein Bulli-Treffen besuchen, wollten sie sich nicht entgehen lassen.

Die Hochzeit im Dom und das Bulli-Treffen waren der emotionale Startschuss für ihr Leben in der VW-Bus-Szene. Viele Treffen und unzählige neue Bekanntschaften folgten. Zur Silberhochzeit 2001 standen die drei Kinder der beiden, Michael, Anika und Jochen, vor der schier unlösbaren Aufgabe, ein Hochzeitsgeschenk für ihre Eltern zu finden. Denn die Klassiker wie eine Kreuzfahrt wären für Camper wie Silke und Peter eher Strafe als Geschenk gewesen. Und das Erbe wollte keines der drei Kinder aufs Spiel setzen. Antike Möbel, mit denen die Eltern ab und an liebäugelten, wurden schnell als Notlösung enttarnt.

Der Schwiegersohn Hajo, Ehemann von Anika, hatte schließlich die Idee, ihnen ein eigenes Bulli-Treffen zu schenken. Verrückt. Aber perfekt für das Silberbrautpaar. So organisierten die drei Familien das erste Kropper Bulli-Treffen. Und das kam so gut an, dass Silke und Peter zwei Jahre später mit Hilfe der Kinder ein zweites Treffen organisierten, und so ging es alle zwei Jahre weiter. Das Familientreffen mit Herz feierte inzwischen die zehnte Ausgabe und wurde längst zum Kult im hohen Norden. Es ist nicht gewinn-, sondern spaßorientiert. Hier fühlt sich jeder Gast wie ein Familienmitglied. Und irgendwie ist er das auch, wenn er einmal dabei war.

Die große Bulli-Familie mit Herz. Liebevoll richten sie zusammen eines der schönsten Treffen Deutschlands aus.

82 Das OCTO-Meeting

Sonnenstaat meets T1

Die Orange County Transporter Organization ist seit 20 Jahren bekannt für das wohl größte T1-Treffen der USA. Ein Tagestreffen auf einem Parkplatz im Sonnenstaat Kalifornien. 2019 wurde das 20-jährige Jubiläum in Long Beach am Stadion gefeiert. Teilnehmen dürfen zwar alle VWs, aber nur Fahrzeuge, die bis 1967 gebaut wurden, bekommen eine bevorzugte Behandlung beim Stellplatz und Teilemarkt. Darum bildete sich auch schon frühmorgens bei der Anfahrt schnell eine Schlange, um die besten Plätze zu ergattern.

Eher untypisch für ein Bulli-Treffen sind die ganzen Regeln, die gelten. So hat man erst mal das Gefühl, dass alles, was für viele Leute zu einem Treffen dazugehört und Spaß macht, verboten ist. Wie zum Beispiel: Haustiere, über Nacht bleiben, Alkohol, Glasflaschen, motorisierte Roller, laute Musik, Essen kochen und so weiter. Einige der Verbote sind halt typisch amerikanisch, aber trotzdem kommt eine Menge gute Stimmung bei dem Treffen auf, und alles verläuft friedlich. Dank der milden Klimaverhältnisse sind die Bullis trotz ihres hohen Alters meist in einem guten Zustand. Einige sind tatsächlich noch nahezu rostfrei und demonstrieren selbstbewusst den Ruf der kalifornischen Autos. Anderen sieht man aber auch an, dass sie als Surfermobil gedient haben und keine Sammlerstücke waren. Sie galten einfach als ein günstiges Fortbewegungsmittel für den coolen Surferdude oder Alt-Hippie. Da früher auch viele Sambas (in den USA Deluxe genannt) über den Großen Teich exportiert wurden, sind auf dem Treffen auch jede Menge der 21- beziehungsweise 23-Fenster-Varianten zu sehen. Ist in Deutschland ein Samba eher etwas Besonderes auf einem Bulli-Treffen, gehört er hier zur Tagesordnung und fällt nicht sonderlich auf.

Ein Parkplatz voller T1. Ein Traum für jeden Bulli-Fan.

Bei den Kennzeichen gibt es für die Amerikaner deutlich mehr Möglichkeiten als bei uns in Deutschland. So entdeckt man einige interessante Kennzeichen wie PEP BUS, FOLKS67, 65 SPLITY, 67 WEST, KOMBI oder VW4LYFE an den Bullis, wenn man durch die Reihen schlendert. Unprätentiös stand zwischen den ganzen Bullis 2019 auch der frisch restaurierte Woodstock Lightbus, allerdings mit normaler Registrierung und vorne mit dem Meditationsmantra »AUM«. Humor haben sie, die Amis.

STOP
STAFFORD EGG

83 Das Busfest

Very british

Der Pilgerort schlechthin für Bulli-Fans in Europa ist das Busfest im englischen Malvern. Unter dem Namen Vanfest begann es im Jahre 1994 als kleines Treffen für Fahrer von Vans egal welcher Marke. Mit jedem Jahr wurde das Event größer. Der Anteil an VW Bussen war von Beginn an extrem hoch, sodass es sich mit der Zeit zum Bulli-Treffen entwickelte. Seit 2012 heißt es Busfest. Wobei bis heute Fremdfabrikate nicht nur toleriert werden, sondern wirklich willkommen sind. Das zeigt die Grundhaltung, die das englische Treffen so angenehm macht. Man gibt sich nicht nur weltoffen und interessiert, man ist es auch. Jeder Besucher soll ein erlebnisreiches Wochenende verbringen. Das Fahrzeug ist zweitrangig, solange man den Bulli mag. Dieses Konzept überzeugt anscheinend, denn regelmäßig kommen mehrere tausend Bullis hierher.

Das Gelände, auf dem das Treffen alljährlich Anfang September stattfindet, dient sonst für Viehmärkte und Ausstellungen. Und so bietet es verschiedene Campingbereiche für Clubs und Familien auf grünen Wiesen. Der wohl größte Bulliteile-Markt aller Treffen findet zum Teil in den Hallen statt. Ein Vorteil, wenn das sprichwörtliche englische Wetter mal wieder zuschlägt. Ein Highlight ist das Entertainmentprogramm. Eine Jury kürt beim »Show and Shine«-Wettbewerb die schönsten Fahrzeuge. Außerdem gibt es Geländegeschicklichkeitsfahren für Selbstfahrer, einen Jahrmarkt mit vielen Attraktionen für Jung und Alt und einen Kochwettbewerb, bei dem in den Bullis ein Drei-Gänge-Menü zubereitet werden muss. Ein umfangreiches Kinder- und ein Abendprogramm der gehobenen Klasse sorgen dafür, dass jeder seinen Spaß hat. Für Europäer vom Festland sicher ungewöhnlich: Jeder Abend steht unter einem Motto, und viele Gäste kostümieren sich dementsprechend, wie beim Karneval. Es kann also gut sein, dass man hier einem Trupp Schlümpfe auf der Tanzfläche begegnet. Gefeiert wird bis zur Sperrstunde, dann ist tatsächlich Nachtruhe, und jeder hält sich daran. Very british eben.

Organisiert wird das sehr internationale Treffen von Simon Holloway und seiner Familie, die von einem großen Team an Freiwilligen unterstützt werden. Simon verkörpert das bekannte britische Understatement. Er spielt sich nicht auf und gibt sich das ganze Wochenende ansteckend unaufgeregt. Kein Selbstdarsteller, sondern ein sympathischer Macher.

Das wohl größte Bulli-Treffen der Welt findet alljährlich im britischen Malvern statt. Dabei entstanden schon viele beeindruckende Bilder.

The Bug Barn
VANFEST 2007
Praise the Lowered
AA

Ob natürliche oder künstliche Patina, für einige Fahrer die schönste Art, ihren Bulli zu veredeln.

Manchmal muss es halt eine Zweiraumwohnung sein ...

UNTERWEGS ZU HAUSE – DAS MOBILE HOTELZIMMER

WESTFALIA

Bulli-Treffen am See –
idyllischer geht es kaum.

84 T1 Campingbox

Modular zum Erfolg

Seine Karriere als Reisemobil hat der Bulli schon sehr früh gestartet. Um den genauen Beginn rankt sich auch hier mal wieder eine Legende. So soll es ein britischer Offizier gewesen sein, der 1951 die erste Wohneinrichtung bei Westfalia aus Rheda-Wiedenbrück bestellte. Die Wahrheit sieht wohl doch etwas anders aus. Das Ehepaar Blenck aus Oberstdorf wollte 1952 von einem provisorisch ausgebauten Westfalia-Anhänger auf ein »Reisemobil« umsteigen und damit nach Südafrika fahren. War der Ausbau für die Familie Blenck noch ein Einzelstück, entwickelte Hans Knöbel im Winter 1952/53 einen Serien-Ausbau für den immer beliebter werdenden T1. Auf der IAA 1953 in Frankfurt präsentierte Westfalia erstmals die »Campingbox«. Der Prospekt titelte überschwänglich: »Ihr Landhaus auf Rädern«.

Mit dieser herausnehmbaren Truhe (Abmessungen 146 mal 53 mal 82 Zentimeter) wurde der Bulli zum Reisefahrzeug. Sie beherbergte alles, was man zum Sitzen, Schlafen und Kochen auf kurzen oder langen Ausflügen benötigte. Mit Hilfe von drei Auflagebrettern und vier Polsterkissen entstand wahlweise eine Sitzgruppe oder eine Liegefläche für drei Personen über die gesamte Breite des Fahrzeugs mit einer Länge von 183 Zentimetern. Der Kocher verschwand im untersten Fach der Truhe.

Ungemein praktisch war, dass man die Box einfach herausnehmen und so den Transporter unter der Woche für die Arbeit nutzen konnte. Und am Wochenende war der T1 schnell wieder zum Wohnmobil umgebaut. Zusätzlich konnte die Box zu Hause auch als Gästebett dienen. Wichtige Faktoren in der Wirtschaftswunderzeit der 50er Jahre.

Das modulare Konzept der Campingbox ist heute noch eine gefragte Ausbauvariante.

Der Preis für die Box betrug circa 300 Euro. Dafür bekam man die Truhe mit Schubladen, Klapptisch, Polster sowie den Unterbau für die Schlaf-Sitz-Bank. Zusätzlich konnten ein Wäscheschrank für den Bereich über dem Motorraum und ein Waschschränkchen für die Klapptür bestellt werden. Die Campingbox war nicht nur der Wegbereiter, um den Bulli zum beliebtesten Reisemobil der Welt zu machen, sondern ist auch heute noch Ideengeber für modulare Ausbaukonzepte.

WESTFALIA
Coca-Cola

85 T2 Campingwagen

Ein Camper erobert die Welt

Mit dem Wechsel vom T1 zum T2 1967 wurde auch der Campingwagen überarbeitet. Das neue Modell war anfangs noch sehr stark an den Grundrissen des T1 orientiert. Während die Modellbezeichnungen mit SOxx mitunter doch recht verwirrend erschienen, konnte man sich die scheinbar willkürlichen Namen (unter anderem Amsterdam, Dallas, Düsseldorf, Helsinki, Luxemburg, Malaga, Offenbach), die später hinzugefügt wurden, deutlich einfacher merken. Das Mosaik-Programm, welches die Möglichkeit bot, auch nur einzelne Bauteile der Reisemobilausstattung zu kaufen, wurde an die neue Karosserieform des T2 angepasst. Eine gute Entscheidung, denn die Nachfrage nach günstigen Möbelelementen zum Selbsteinbau stieg ständig.

Völlig neu hingegen war das von Westfalia entwickelte GFK-Aufstelldach. Es war vorne angeschlagen und bot Platz für eine Kinderkoje. Weiterhin im Angebot waren das Hubdach und das seitlich angeschlagene, in Lizenz gefertigte Dormobil-Faltdach. Mit dem Modelljahr 1974 wurde das Aufstelldach grundlegend überarbeitet. Es wurde von nun an hinten angeschlagen und bot ein Dachbett, welches auch zwei sich mögenden Erwachsenen Platz bot. Schon beim T1 wuchs der Exportanteil immer weiter. Beim T2 ging er buchstäblich durch die Decke. Über 75 Prozent gingen in die USA und nach Kanada. Allein in den ersten 18 Monaten nach Einführung des T2 Camper wurden bereits 20.000 Einheiten verschifft. Dieser Boom hielt bis 1972 an.

Der wohl bemerkenswerteste Ausbau beim T2 rückt zum Modelljahr 76 in das Licht der Öffentlichkeit. Nachdem der wichtige US-Markt einen neuen Grundriss forderte und es auch auf dem heimischen Markt mit dem Helsinki nur noch einen wirklich gut gehenden Grundriss gab, entwickelte man bei Westfalia den Typ Berlin. Mit einer Schrankzeile auf der Fahrerseite, einer Zweier-Klappsitzbank im Fond und drehbarem Beifahrersitz war er mit fast 1,5 Quadratmetern unbebauter Fläche ein absolutes Raumwunder. Ergänzt werden konnte die Einrichtung um eine Staubox, die auch noch ganz diskret eine Campingtoilette verstecken konnte. Dieser Grundriss wurde schnell zum beliebtesten im Programm und gilt als Meilenstein in der Campingbushistorie. Der Topseller California weist heute noch das gleiche Layout auf.

Westfalia baute ihre Bestseller weiter und erfreute sich in den 70ern an einem extrem hohen Exportanteil in die USA.

86 T3 Campingwagen

Quadratisch, praktisch, urlaubsfertig

Mit dem Start des kantigen T3 wurde auch die Modellpalette bei Westfalia erneuert. Es gab nun zwei fast identische Grundrisse: zum einen den beliebten klassischen Grundriss vom Berlin, zum anderen eine leicht abgewandelte Variante mit breiter L-Sitzgruppe statt der Zweierbank. Im ersten Prospekt hieß das neue Reisemobil noch Campingwagen, aber schon kurz drauf wurde es als Joker eingeführt. Der Name wurde in den nächsten Jahren zum Synonym für ein hochwertiges und kompaktes Reisemobil. Es gab ihn mit Aufstelldach (Joker 1 und 2) und einem Hochdach (Joker 3 und 4). Das neue, markante Hochdach bot neben Wintertauglichkeit auch ein Panoramafenster und einen großen Stauschrank über dem Fahrerhaus. Joker 1 und 3, mit dem klassischen Zweier-Sitzbank-Grundriss, blieben sogar bis zum Modellwechsel auf den T4 im Programm und bildeten später die Basis für den California.

Im Laufe der Zeit gab es noch weitere Modelle wie Sport Joker, Club Van und Club Joker. Beibehalten hat Westfalia auch die Möglichkeit, nur einzelne Bausteine unter dem Namen »Mosaik-Programm« zu verkaufen. Über all die Jahre schaffte Westfalia es, sich mit dem T3 einen legendären Ruf zuzulegen – der gerade in den USA bis heute anhält, weil es dort der letzte echte »Westy«-Camper war. Da der T3 mehr Platz hatte als der T2, wirkte der Innenraum noch großzügiger und bot ein bis heute unerreichtes Verhältnis von Außen- zu Innenmaß. Zusätzlich ließen sich beide Vordersitze zum Innenraum hin drehen. Es gab einen zweiten Tisch, der zwischen den Vordersitzen platziert werden konnte. Somit hatten vier bis sechs Leute im Camper am Tisch Platz. Das zu Beginn noch recht dunkle Holzdekor wechselte über die Zeit von Beige zu einem luftigen Hellgrau. Um nicht zu steril zu wirken, brachten die Polster und Gardinen behutsame Farbtupfer ins Fahrzeug.

Großer Innenraum bei kompakten Abmessungen dank des Heckmotors war das Erfolgsrezept des T3 Campers.

Das 250.000. Reisemobil von Westfalia war ein T3 Joker und wurde mit einem Sondermodell gefeiert. Der Jubi-Joker wurde 1984 ausschließlich in Bronze-Beige metallic und mit goldenen Applikationen angeboten. Der letzte Joker, mit Aufstelldach in Marsalarot, verließ 1991 die Produktion in Rheda-Wiedenbrück. Heute kann man ihn im Deutschen Museum in München bewundern.

WESTFALIA
MWS - SCHORK ☎ 0177 - 3973140

87 California T3 (1988 bis 1990)

Sonnenstaat auf vier Rädern

Auf der Messe Caravan Salon in Essen 1988 erschütterte Volkswagen mit einer Botschaft den Reisemobilsektor: »Volkswagen bringt ein eigenes Reisemobil auf Basis des T3 auf den Markt – das Sondermodell California.« Ganz neu war das Mobil technisch gesehen allerdings gar nicht, denn das VW-Team entwickelte es gemeinsam mit Westfalia auf Basis des bis dahin sehr erfolgreichen Joker.

Der T3 California hatte den schon vom T2 Berlin bekannten Grundriss, und beim Dach konnte man zwischen den Varianten Aufstelldach mit Zeltbalg oder festes GFK-Hochdach wählen. Mit den modernen Stoßstangen des Caravelle Carat hob sich der California optisch positiv vom Joker ab. Die Basisausstattung wurde allerdings abgespeckt. So gab es keine Isolierverglasung, und die Standheizung war nur noch optional. Die Auswahl der Farben für die Lackierung wurde auf Pastellweiß und Marsalarot beschränkt. Dafür kostete er mit 39.900 Mark sensationelle 10.000 Mark weniger als der Joker. Mit diesem Rezept war das Fundament für einen Erfolg gelegt, und schon im ersten Jahr wurden 5.000 Fahrzeuge verkauft.

Der Name Sondermodell verschwand schleichend, und auch von einer Limitierung war bald keine Rede mehr. Im Gegenteil, 1989 legte Volkswagen noch einmal nach und stellte dem California den Atlantic zur Seite. Mit deutlich verbesserter Serienausstattung war er auf dem Niveau der damaligen Luxusversion, dem Club Joker. Optisch aufgewertet mit der vollen Beplankung des Carat, wirkte er gerade mit dem flachen Aufstelldach in der neuen Farbe Calypso metallic wie eine edle Großraumlimousine. In der Ausführung mit den aufpreispflichtigen Optionen wie Klimaanlage und ABS stand der Atlantic den zeitgenössischen Limousinen in nichts nach. Allerdings betrug der Aufpreis für die Klimaanlage allein satte 5.000 Mark und damit gut zehn Prozent vom Grundpreis.

Mit dem Namen California begann VW erfolgreich, den Camper selbst zu vermarkten.

Was sich heute nicht mehr rekonstruieren lässt, ist die Namensfindung des neuen Modells. Sicher ist nur, dass der California nie im Sonnenstaat Kalifornien verkauft wurde. Aber vielleicht ging es ja einfach nur darum, das Fernweh zu wecken. Denn Ende der 80er waren Reisen in die USA noch etwas ganz Besonderes.

CALIFORNIA
H VW 878

88 California T4

Doppelbett mit Frontantrieb

Die Werbung titelte: »Das erste Doppelbett mit Frontantrieb von Volkswagen«. Der Wechsel vom T3 zum T4 war ein Meilenstein der Bulli-Geschichte. Der Motor wanderte nach vorne und bot so mehr Platz im Laderaum. So entstand dort, wo beim T3 noch der Boxermotor im Heck blubberte, reichlich Platz für die Campingausrüstung. Dank der neuen Basis und eines flachen Aufstelldachs blieb der California von nun an unter der magischen Grenze von zwei Meter Höhe und wurde somit noch alltagstauglicher. Alternativ gab es ein neues Hochdach, welches eine Art Stupsnase über der Frontscheibe hatte und damit an Eleganz gegenüber dem T3 verlor. Die Zusammenarbeit mit Westfalia wurde fortgesetzt, und die Produktion blieb in Rheda-Wiedenbrück.

Der Grundriss des T3, wie sollte es auch anders sein, blieb unverändert. Die Innenausstattung aber wurde komplett neu gestaltet. Mit modernen lilafarbenen Stollen und grauen Möbelplatten passte der Ausbau perfekt in die quietschigen 90er. Erstmals gab es im Innenraum viele Formverkleidungen, die den California zur Reiselimousine machten. Ein automotives Design hielt Einzug in den Reisemobilbau und unterschied sich damit massiv vom »Gelsenkirchener Barock«, der noch immer bei anderen Herstellern zu finden war.

Neue Wege ging man auch bei der Bordtechnik. Anstelle eines Absorberkühlschranks, der mit 230 Volt oder Gas betrieben wird, baute man eine effiziente Kompressorkühlbox ein, die ihre Energie erstmals aus einer modernen Gel-Zusatzbatterie erhielt. Statt des Gaskochers gab es zu Beginn einen herausnehmbaren Spirituskocher, somit konnte auf den Einbau eines Gastanks verzichtet werden. Die Bordtechnik wurde fortan über ein neues Kontrollboard mit LCD-Anzeige gesteuert. Dort konnte man die Außentemperatur und die Füllstände des Frisch- und Abwassertanks ablesen. Außerdem ließ sich hier die Kühlbox nicht nur einschalten, sondern auch die Temperatur wählen. Im Laufe der Jahre wurde die Einheit immer wieder aufgewertet, später konnte sogar die Heizung programmiert werden.

Die Fahrdynamik und der robuste Innenausbau sorgten dafür, dass auch der California T4 ein voller Erfolg wurde und damit den Mythos California verfestigte.

Auch wenn der Grundriss gleich blieb, so bot die neue T4-Basis endlich Platz für die Campingmöbel unter dem Bett.

H NV 903

89 Die T4-California-Varianten

Einrichtungstetris für alle Lebenslagen

Nachdem der T4 California 1990 eine Adaption des Grundrisses des T3 war, gab es ab 1992 gleich zwei weitere Modelle des Campers: den California Club und den California Tour.

Der Tour offerierte den wohl teuersten Küchenschrank in einem Wohnmobil. Sein Grundriss glich dem »normalen« California. Die 40 Zentimeter mehr Innenraum füllte lediglich ein weiterer Schrank. Es gab ihn nur mit dem Nasenhochdach und nicht mit einem Aufstelldach. Dieses Plus an Stauraum war aber nur wenigen Kunden die fälligen 2.000 Euro und die Unhandlichkeit, die der lange Radstand mit sich brachte, wert. Auch der Club war nur bedingt erfolgreich. Mit einer Heckküche und einem Staufach für ein portables WC bot er einen gänzlich anderen Grundriss. Er war mehr Wohnmobil als Pkw und damit im Alltag leider auch nicht so flexibel wie sein Pendant mit Aufstelldach, das fortan als California Coach angeboten wurde.

Ein wirkliches Highlight der California-Baureihe und für kontinuierliche Verkaufszahlen gut war der ab 1994 angebotene California Exclusive. Mit ihm verschwanden Tour und Club wieder vom Markt, denn sein Grundriss bot das offenbar lange von den Kunden vermisste Detail: einen Sanitärraum mit Kassettentoilette im Heck. Damit die Schulterfreiheit im Bad wuchs, bekam der auf dem langen Radstand basierende T4 ein neues Heckteil, welches eine senkrechte Rückwand hatte. Somit erhöhte sich die Außenlänge des Fahrzeugs nicht, aber der Raum im Bad wurde so groß, dass sich auch Erwachsene bequem darin bewegen konnten. Durch eine Saloontür entstand entweder mehr Bewegungsfreiheit in der Winkelküche oder im Bad, je nach Bedarf. Ein wirklich cleveres Konzept.

Der California Exclusive war die Krönung der Variantenvielfalt. Mit Sanitärraum im Heck eroberte er die Herzen der komfortorientierten Bulli-Fahrer.

Als Sitzgruppe diente eine Zweier-Klappbank, zusammen mit den gedrehten Vordersitzen. Es gab einen Klapptisch in der Seitenwand oder bei Bedarf einen großen Tisch, der im Heckschrank verstaut war. Dieses kleine Wohnmobil traf den Nerv der Kunden und wurde schnell zum Inbegriff eines luxuriösen und teuren Campingbusses. Exclusive halt.

WESTFALIA

90 California T5

Mit Innovationen in die Zukunft

Im Sommer 2003 präsentierte Volkswagen Nutzfahrzeuge den T5 California auf dem Caravan Salon in Düsseldorf. Die Basis war noch mal einen Schritt näher an einen Pkw gerückt und ein Paradigmenwechsel, was das Reisemobil California anging. Volkswagen Nutzfahrzeuge beendete für dieses Modell die Zusammenarbeit mit Westfalia und entwickelte den California selbst. Zeitgleich zur Messe entstand die neue eigene Produktion in Hannover-Limmer. Die VW-Mannschaft hatte bei der Konzeption des T5 ein nicht gerade bescheidenes Ziel: Er sollte das perfekte Reisemobil in dem Segment werden. Um dieses Ziel zu verwirklichen, bediente man sich der Leichtbaukompetenz im VW-Konzern und entwickelte ein elektrohydraulisches Aufstelldach aus Aluminium. Um eine möglichst hohe Recyclingfähigkeit zu erreichen, musste die Schrankzeile aus Holz einem Korpus aus Aluminiumsandwich weichen. Das neue Material war nicht nur leichter und dünner als das konventionelle Holz, es war auch einfacher formbar. So hatten die VW-Designer mehr Spielraum bei der Gestaltung des Innenraums.

Der Grundriss wurde wieder vom Vorgänger übernommen. Aber im Detail veränderte sich sehr viel. Man hatte den T4-California-Kunden genau zugehört und das Fahrzeug in sehr vielen Punkten deutlich verbessert. So gab es statt der Gardinen mit den umständlichen Druckknöpfen nun blickdichte, in den Seitenverkleidungen untergebrachte Rollos. Sogar der Frontscheibe spendierten die Hannoveraner Rollos, die in die A-Säulen integriert wurden. Leuchten wurden in die Verkleidungen integriert, die Kopfstützen der Sitzbank waren nun abklappbar, um den Bettenbau zu erleichtern, das Dachbett wurde dank eines Lattenrostes deutlich bequemer. Das Highlight ist aber für viele, dass die Stühle in der Heckklappe und der Tisch fast unsichtbar in der Schiebetür verschwinden. So bleibt der Platz unter dem Bett immer frei. Diese Details demonstrieren eindeutig, dass bei der Entwicklung echte Camper am Werk waren.

Für das große Bulli-Treffen 2007 wurden T5 California im Blümchen-Design als Promotion-Mobile eingesetzt.

Die Reaktionen auf der Messe gaben der Entscheidung, den T5 California selbst zu entwickeln, recht, und so verwundert es nur wenig, dass sich das Modell bis 2015 gut 54.000 Mal verkaufte und somit zum erfolgreichsten Reisemobil seiner Klasse wurde. Ziel erreicht.

www.vwn.de
Internationales VW-Bus-Treffen
Messegelände Hannover, 05.10.–07.10.2007
WOB HB 835

91 California T6

Immer besser – immer erfolgreicher

Wie schon beim Basisfahrzeug T6 gab es auch beim California eine Menge an Neuheiten. Es überraschte aber niemanden, dass Volkswagen Nutzfahrzeuge an dem bewährten Grundriss festhielt. So hat auch die vierte California-Generation wieder die Küchenzeile links und die Sitzbank rechts im Fahrgastraum. Es gab ihn als Coast mit einfacher Ausstattung und als Ocean mit einer größeren Serienausstattung inklusive Doppelverglasung. Auch der Beach mit bis zu sieben Sitzplätzen war weiter im Angebot. Trotzdem gab es wieder eine Menge Verbesserungen bei dem neuen Modell. So wurde der Küchenblock des Coast und Ocean optimiert und zuletzt 2019 grundlegend mit neuen Griffen, Verschlüssen und Oberflächen überarbeitet. Fast jedes Jahr wurde irgendetwas beim California verbessert, oft waren die Änderungen nicht revolutionär, aber immer im Sinne des Campers. So sind es manchmal Kleinigkeiten wie ein Handtuchhalter, ein Becherhalter, eine Magnettaschenlampe oder eine weitere Ablage, die auch langjährigen Nutzern einen Mehrwert bieten.

Mit dem Update des California 2019 kamen auch so angenehme Neuerungen wie eine Loungefunktion beim unteren Bett und Federtellerelemente im Dachbett ins Fahrzeug. Highlight war aber das neue Camper-Bedienteil in der Dachkonsole, das ähnlich einem Smartphone mit einem Touchscreen aufwartet. Dieses zeigt unter anderem die Niveaufunktion an, mit der man für den Camper den perfekten ebenen Stellplatz findet, und steuert gar den Lichtwecker mit einer Sonnenaufgangsfunktion. Den California Beach gab es nun in den Varianten Tour und Beach Camper. Während der Beach Tour serienmäßig zwei Schiebetüren bekam, hatte der Camper eine Weltneuheit zu bieten: eine herausziehbare Miniküche mit Gaskocher. Diese verschwindet komplett unsichtbar in der Seitenwand auf der Fahrerseite, wenn man sie nicht benötigt, und ermöglicht so im Alltagsbetrieb, dass der Beach weiterhin mit bis zu sieben Sitzen genutzt werden kann.

Auch wenn er natürlich seinem Vorgänger ähnelt, so wurden immer wieder viele Details verbessert und Kundenwünsche, wie die Öffnung im Faltenbalg, umgesetzt.

Dass Camping und insbesondere das »Vanlife« immer populärer geworden sind, hat Absatzzahlen des California ermöglicht, an die man zuvor nie gedacht hat. 2018 wurden 18.531 Fahrzeuge verkauft, und das ist nur ein Indikator für seinen Erfolg. Bei Leserwahlen gewinnt der Camper aus Hannover auch weiterhin regelmäßig Preise. Der California ist einfach die Ikone unter den Campern.

H CA 88
FANATIC

92 Die California-Produktion

100 Prozent Volkswagen – Made in Hannover

Wurden die ersten beiden Generationen des California noch im Auftrag von Volkswagen Nutzfahrzeuge bei der Firma Westfalia gebaut, änderte sich mit dem Modellwechsel vom T4 zum T5 beim California nicht nur das Fahrzeug massiv, sondern auch die Fertigungsstätte. Der T5 California sollte zu 100 Prozent ein VW werden. Dazu gehörte neben der VWN-eigenen Entwicklung natürlich auch, eine eigene Fertigung in Hannover aufzubauen. Im Stadtteil Limmer wurde eine freie, 13.000 Quadratmeter große Halle (das ehemalige Auslieferungslager eines Elektrofachhandels) gefunden, die sich bestens für den Umbau zu einer Reisemobilfertigung mit Fließband eignete. Das Personal wurde über die damalige Autovision (heute Group Services) rekrutiert. Damit kamen sehr motivierte Leute zusammen, die drei große Herausforderungen – neues Auto, neue Produktion, neues Team – meistern wollten. Aus dem anfänglich knapp 80-köpfigen Team sind heute rund 300 Mitarbeiterinnen und Mitarbeiter geworden, die den California mit sehr viel Leidenschaft »bauen« wie in einer Manufaktur: mit Herz und von Hand.

Die Basisfahrzeuge kommen auf Lkw aus dem Stammwerk Stöcken nach Limmer. Die Karosserien wurden auf den Weiterbau vorbereitet, verfügen so über die nötigen Ausschnitte für das Aufstelldach, Strom-Wasser-Anschlüsse und haben die camperspezifischen Kabelstränge an Bord.

Auf zwei Fließbändern wird in Handarbeit der California von den Experten nach Kundenbestellung ausgebaut. Bei der Montage der Küche hilft eine Art Roboterarm, das komplette circa 60 Kilogramm schwere und voll funktionsfähige Bauteil ins Fahrzeug zu heben. Bei der sogenannten »Camper-Hochzeit« – der Moment, in dem die Schale des Aufstelldaches mit dem Fahrzeug verbunden wird – hilft ein Kran mit Saugnäpfen dem Team, das Dach gesundheitsschonend millimetergenau zu positionieren. Der Rest ist perfekte Handarbeit mit anschließender Kontrolle der gesamten Ausstattung inklusive der Dichtheitsprüfung des geöffneten Aufstelldachs.

Seit 2004 produziert Volkswagen Nutzfahrzeuge die Camper-Ikone California in der eigenen Fertigung in Hannover-Limmer.

Insgesamt wurden bis zum Sommer 2019 gut 120.000 Calis in Hannover-Limmer fertiggestellt. Allein 2018 waren es 18.531. Damit ist der California das wohl meistgebaute Reisemobil der Welt.

Vorbereitungsplatz 1-4
California

93__T1 Magirus Camper

Ein Meilenstein der VW-Bus-Geschichte

Die Campingausbauten von Westfalia sind heute weltbekannt und legendär. Dass es aber auch andere sehr clevere Ausbauten gab, zeigt der 1956 von Magirus zum Reisemobil umgebaute T1. Dieses Einzelstück hatte es wirklich in sich, und wie so oft ist es nur dem Zufall zu verdanken, dass es, statt verschrottet zu werden, in die Hände eines liebevollen Sammlers kam und für die Nachwelt erhalten bleibt. Der Bulli hatte etliche Besitzer und bestritt viele Fernfahrten in die weite Welt wie Indien, Naher Osten, Afrika und quer durch Europa.

Die Innenausstattung des T1 verblüfft noch heute. Der damalige Magirus-Ingenieur Josef Ströhle hat einen überaus raffinierten und fernreisetauglichen Campingausbau entwickelt und in das Fahrzeug »transplantiert«. Er hat die perfekte Symbiose aus dem zuverlässigen Transporter von Volkswagen und den soliden Ausbauten des Feuerwehrspezialisten Magirus geschaffen.

Der Bulli sollte Platz für zwei Personen und die Möglichkeit zum Schlafen, Kochen, Essen, Waschen bieten. Der gesamte Innenausbau ist aus passgenauem Blech und nicht wie seinerzeit üblich aus Holz. Das Basisfahrzeug wurde an vielen Stellen modifiziert, um den individuellen Ausbau zu ermöglichen. Die Lehne der Vordersitzbank konnte gedreht werden und bot so einen großen Wohnsalon beziehungsweise eher eine große Wohnküche.

Die eigentliche Küche mit einem zweiflammigen Gaskocher ist im Heck platziert. Die dazugehörige Gasflasche wird in einem Fach im Motorraum (!) untergebracht. Noch hinter der Küche befand sich ein weiteres Staufach für die gesamte Bettkonstruktion. Das Bett wurde mit Hilfe von zwei Stahlträgern, zwei Alublechen und drei Matratzen über der Küche befestigt. Mit einer Liegefläche von 140 mal 175 Zentimetern gibt es Aufschluss darüber, dass die Menschen in den 50er Jahren noch nicht so groß waren wie heute. Entsprechend betrug auch die Stehhöhe dank des selbst entwickelten Hubdachs 175 Zentimeter. Mit vier Klappscharnieren war es eine einfache, aber sehr stabile Konstruktion. Magirus nutzte den Raum in dem kleinen T1 perfekt aus und verbaute sogar Staufächer im Unterboden. Alles wirkt wie aus einem Guss. Der Ausbau hätte es verdient gehabt, in Serie gefertigt zu werden. Es blieb beim Einzelstück – einem Meilenstein der VW-Bus-Geschichte.

__ Ein Einzelstück der Reisemobilgeschichte auf Bulli-Basis. Der Magirus Camper zeigt sehr interessante Detaillösungen.

fränzle
HELL
fränzle
HELL

94 Die skurrilen Camper aus dem Ländle

Ein Dutzend Jahre mobile Freiheit

Dass Baden-Württemberg sich rühmt, das Land der Erfinder zu sein, könnte auch an einem Volkswagen-Händler aus Backnang bei Stuttgart liegen. Helmut Bischofberger war ein Wohnmobilfan mit kreativem Kopf. Und nach den ersten Fahrzeugen für die Familie reifte der Gedanke, Camper für Kunden zu bauen. Aber schön anzusehen sollten sie sein. Zum Beispiel mit einem runden Alkoven.

Sein erstes zum Verkauf angebotenes Mobil basierte auf einem LT, sozusagen dem großen Bruder des Bulli. Die Produktpalette umfasste aber auch schon bald Umbauten von Toyota und Mitsubishi für die Interessenten, die weniger ausgeben wollten. Später kamen dann so skurrile Mobile wie die Reihe »Family«, eine Kombination aus Pkw und Reisemobil – ein optischer Zwitter. Man erkannte den Pkw, aber auch, dass es ein Reisemobil mit Nase über dem Fahrerhaus war. Solche Aufbauten entstanden auf dem Caddy oder gar auf dem Audi 100/200. Diese Mobile entsprangen der genialen Phantasie des Tüftlers und sind noch bis heute ein absoluter Hingucker auf Campingplätzen und Ausstellungen.

Auf Basis des Bulli baute Helmut das wohlproportionierte Alkovenmobil »Kranich« mit Nasszelle und Platz für vier Personen oder einer schicken Absetzkabine. Da er ja auch VW-Händler war, suchte er nach einer Ergänzung für die angebotenen Transporter und Joker-Reisemobile, um dem Fahrzeug mehr Raum zu spendieren. So entstand eine optisch sehr auffällige Heckverlängerung. Diese Polyesterschale nahm das Design des Basisfahrzeugs auf und streckte es um 68 Zentimeter auf 525 Zentimeter. Also länger als ein heutiger T6 mit langem Radstand. Der so gewonnene Zusatzraum von 1,5 Kubikmetern konnte laut Prospekt vielfältig genutzt werden. Vorgeschlagen wurden eine versetzte Schlaffläche, Stauraum oder gar ein Toilettenraum. Durch die Hecktür sicher auch eine praktische Lösung für Wildcamper mit Schamgefühl.

Bischofberger waren stimmige Proportionen sehr wichtig. So zählt dieses Reisemobil wohl zu den schönsten Alkoven auf T3-Basis.

Gut zwölf Jahre baute Bischofberger auffällige und aufwendige Reisemobile. Wer heute noch eines davon in gutem Zustand hat, kann sich sicher sein, ein Stück Reisemobilgeschichte zu besitzen.

BISCHOFBERGER
KRANICH
WOB AW 151

95 Raumschiff Orion

Plastikdesign aus dem Lipperland

Astrid und Wolfgang aus Mainz waren 2003 auf der Suche nach einem »einfachen« VW Bulli, mit dem sie die Welt entdecken können. Gefunden haben sie im Internet den Prototypen eines der kuriosesten Wohnmobile auf Basis des T2 – ein echtes Unikat. Die Firma Schäfer aus Detmold war Ende der 50er Jahre dafür bekannt, rundliche Wohnwagen aus GFK herzustellen. Deren Name: Suleica, abgeleitet von Super-leicht-Caravan. 1968 stellten die Lipper dann mit dem Orion ein vollintegriertes Wohnmobil auf die Räder, welches nicht nur futuristisch aussah, sondern auch noch schwimmen konnte. Um den fast sechs Meter langen Aufbau aufnehmen zu können, wurde der Transporter verlängert und verbreitert. Die Kabine war sozusagen ein gestretchter Suleica und damit das wohl größte Kunststoffgehäuse der damaligen Zeit.

In der Bulli-Stadt Hannover bewies der Orion seine Schwimmfähigkeit auf dem Maschsee, und im selben Jahr beeindruckte er sogar bei einer Fahrt von Travemünde über die Ostsee nach Dänemark. Für den Vortrieb auf dem Wasser wurde an dem 47 PS starken Boxermotor eine Schraube befestigt. Der Schwimmfähigkeit kam sein Leichtgewicht von 1.160 Kilogramm sicher zugute. An Land schaffte der luxuriöse Vollintegrierte trotz der bescheidenen Leistung eine Höchstgeschwindigkeit von 80 km/h. Was besonders bemerkenswert ist, wenn man bedenkt, dass das Fahrzeug eine Fläche von zwei Meter Breite und fast 2,4 Meter Höhe in den Wind stellt.

Für die Besatzung entpuppte sich der Orion-Prototyp im Laufe der Zeit als absoluter Glückstreffer. Egal, wo das »Raumschiff« vorfährt, ein Menschenauflauf ist garantiert, und man schließt sofort neue Bekanntschaften. Das Mobil stimmt die Menschen fröhlich, und »Daumen hoch« auf der Autobahn sind an der Tagesordnung. Die Vorbesitzer erlebten eine recht aufregende Geschichte. Ihr Orion wurde in Deutschland geklaut, am Nordkap aber wiedergefunden. Ein so faszinierendes Mobil fällt halt sogar am Ende der Welt positiv auf. Begeistert ist Wolfgang noch immer von der Zuverlässigkeit des T2, der unter der Hülle steckt. Bis auf eine defekte Lichtmaschine haben sie in den 16 Jahren, die sie bereits mit dem Orion auf Tour sind, nie eine Panne gehabt. Im Herzen ist das Raumschiff halt ein VW, der läuft und läuft und läuft.

Sieht nicht nur dynamisch aus. Der Orion war es für die damalige Zeit auch. Eine Schönheit aus GFK, die sogar schwimmen konnte.

96 Der Ziehharmonika-Bulli

Platzkonzert, aber ohne Musik

Wenn man den »Twin-Compact« der Firma Compact Automobile aus Berlin sieht, denkt man unweigerlich an einen Linien-Knickbus oder wie es im Fachjargon heißt: Gelenkbus. Der Faltenbalg, der das Zugfahrzeug, einen Westfalia Hochdach Joker, mit dem Nachläufer verbindet, sieht auch so aus wie bei seinen Linienbuspendants. Nur mit dem Unterschied, dass es sich hierbei um eine Art Vorhang beziehungsweise Eingangsschleuse handelt. Der Nachläufer ist weder fest mit dem T3 verbunden, noch gibt es einen Übergang von vorne nach hinten. Es ist ein »normaler« Anhänger, der mit einer Kugelkopfkupplung befestigt ist. Doch dank des Faltenbalgs wirkt der Bulli wie ein großer Omnibus.

Der Anhänger ist ein gekürzter T3 Joker und in diesem ersten Prototypen ein rollendes Badezimmer. Durch den Ziehharmonika-Vorhang kann man die hintere Sektion betreten und kommt so in ein vollwertiges Bad mit WC, Waschbecken, Dusche sowie Kleider- und Trockenschrank. Damit das Duschvergnügen nicht zu kurz ausfällt, gibt es einen Warmwasserboiler und 150-Liter-Frisch- und -Abwassertanks. Die Idee dahinter ist, dass man sein Bad auf dem Campingplatz auch abkuppeln kann, um dann nur mit dem Zugfahrzeug auf Entdeckungsreise zu gehen. Für den Bau der Fahrzeuge war Busspezialist Neoplan vorgesehen. Die waren mit ihrem Doppeldecker-Gelenkbus unbestritten die Spezialisten für besondere Lösungen. Eine nette Idee, die 1983 aber mit bis zu 18.000 Mark fast genauso teuer geworden wäre wie ein kompletter Joker. So verwundert es kaum, dass es anscheinend nie mehr als den einen Prototypen gegeben hat.

Eine weitere Besonderheit sieht man bei der Schiebetür, die die Spezialisten aus Berlin gegen eine Klapptür getauscht haben. Dafür wurde die original Schiebetür ausgebaut und gegen ein neues Seitenteil getauscht. Die darin eingebaute Klapptür lässt sich nahezu geräuschlos schließen, hat ein eigenes Schloss und zusätzlich ein Ausstellfenster. Eine Tür, die sich so mancher Campingnachbar als Serienteil beim Bulli gewünscht hätte. War die Bezeichnung »Ratsch-Bum-Bus« doch keine Liebesbekundung der manchmal genervten Mitbewohner. Und es soll sogar Campingplätze gegeben haben, die Bullis mit Schiebetür nicht aufnehmen wollten.

Linienbus knutscht Bulli? Die doch eher ungewöhnliche Kombination aus Joker und Anhänger, mit einem Faltenbalg vom Gelenkbus verbunden, setze sich dann doch nicht durch …

97 Das PeMa-Mobil

Auffällig anders

Der Zeitgeist der 80er Jahre war schon ein sehr besonderer. Nicht nur in Anbetracht von Mode und Musik. Auch bei den Autos gab es so manches exotische Stück. Etliche kleine Firmen verwandelten den eher langweilen T3 in ein extrovertiertes Mobil. So zum Beispiel Beck-Design mit ihrem Street Shuttle oder Butz mit seinem Tuning im US-Stil. Eines der auffälligsten Fahrzeuge war aber sicher das von der Firma Pemamobil aus dem Rhein-Hunsrück-Kreis. Die Experten schnitten nicht nur große Löcher für die stylishen Van-Fenster in die Karosse und bauten ein aerodynamisches GFK-Hochdach auf. Sie veränderten auch die gesamte Front. Diese wurde nach vorne gezogen, und die Scheinwerfer wanderten auf die Höhe des unteren Kühlergrills. Dadurch wirkte der Bus gar nicht mehr wie ein T3, sondern eher wie ein Van aus der Zukunft. Dass ebendiese Front auch polarisieren würde, war den Machern bei Pemamobil wohl von Anfang an bewusst. So wurde vorsichtshalber im Prospekt darauf hingewiesen, dass es die anderen Umbauten auch ohne veränderte Front gebe. Mag sie aus heutiger Sicht auch komisch aussehen, in den 80ern war diese Front ein positiver Hingucker. Und bis heute ist sie das Erkennungszeichen eines PeMa-Busses. Denn diese Art Front blieb einmalig.

Daran änderte auch ein günstiger Tuning-Grill eines anderen Herstellers nichts, der aus dem »Wie verschlimmbessere ich mein Auto«-Katolog die Scheinwerfer einfach anstelle des unteren Lufteinlasses vorgesetzt hatte und immer wie ein vorgeklebter, abstehender Fremdkörper aussah. Da Pemamobil auch gleichzeitig ein Lackierbetrieb war, gab es die Fahrzeuge »ab Werk« in individuellem und auffälligem Design. Eine Option, für die sich wohl einige Kunden entschieden, wenn es kein dezentes Schwarz sein sollte. »Ein zeitloses Design im Stil der Zeit«, hieß es im Prospekt. Zumindest dem zweiten Teil des Satzes kann man heute noch uneingeschränkt zustimmen. Zu der auffälligen Optik passten auch die bis zu 275er Breitreifen und ein Motortuning bis 160 PS, um nicht nur im Stand gut auszusehen. Innen war das PeMa-Mobil ganz auf Business und Luxus getrimmt. Man sprach in der Werbung gar von »Gesellschaftsfähigkeit«. Klingt aus heutiger Sicht doch etwas ironisch. Aber Selbstbewusstsein wurde in den 80ern großgeschrieben … Und nur so konnte es solche individuellen Mobile geben, die man heute im Einheitsbrei der SUVs vergeblich sucht.

Sicher nicht jedermanns Geschmack, aber ein Statement, um sich abzugrenzen, war die Front des PeMa-Mobils, die noch heute einzigartig ist.

Fast wie ein Sechser im Lotto: Gleich drei PeMa-Mobile auf einen Streich auf einem Bulli-Treffen in Norddeutschland.

springen-sylt.de

98 Knaus Traveller 580

Der mit der Stupsnase

»Ein neuer Stern geht auf«, titelte 1990 der Knaus-Prospekt für das erste Wohnmobil des Unternehmens auf Basis des neuen T4. Dieser wurde überschwänglich für seinen bis dahin unerreichten Fahrkomfort gelobt, und so gab Knaus der Verlockung nach, auf den Chassis ihren Wohnmobilaufbau zu setzen. Dieser sollte aber auch mit der modernen Form des T4 harmonieren, und so kreierten die Jandelsbrunner mit Hilfe von GFK-Formteilen einen Teilintegrierten, der durchaus das bis dahin in der Reisemobilbranche eher selten vergebene Prädikat »chic« verdiente. Die Designer setzten außerdem mutige Farbkleckse in bester 90er-Jahre-Manier auf die Außenhaut.

Der Knaus Traveller 580, die Zahl ergab sich aus der Außenlänge von 5,8 Metern, war ein konsequent für zwei Personen entwickeltes Reisemobil. Es bot den Reisenden eine großzügige Hecksitzgruppe, die zu einem zwei mal 1,5 Meter großen Bett umgebaut werden konnte. Das helle Esche-Dekor der Möbel mit abgeschrägten Klappen passte zum Anspruch eines modernen Reisemobils. Mit vielen GFK-Formteilen über dem Fahrerhaus wirkte der Innenraum mit Abstand moderner als bei anderen Reisemobilen. Die gesamte Bordtechnik wurde über ein modernes Kontrollboard mit Flüssigkristallanzeige gesteuert. Klassisch, aber hell war die Nasszelle mit Kassetten-WC und Dusche. Zur ausreichenden Wasserversorgung wurde ein 80-Liter-Frischwassertank installiert. Dieser war zur besseren Gewichtsverteilung auf der rechten Fahrzeugseite untergebracht. Denn der Fahrkomfort des Mobils sollte spürbar besser sein als bei Wettbewerbsfahrzeugen. Und die Presse gab den Entwicklern recht, der Fahrkomfort und die Geräuschdämmung wurden vielerorts gelobt.

Zu einer Zeit, in der Teilintegrierte noch in der Minderheit auf dem Markt waren, baute Knaus passend zum modernen T4 ein designorientiertes Reisemobil in der eher langweiligen Camperwelt.

Überwiegend wurden die Fahrzeuge mit dem robusten 2,4-Liter-Dieselmotor ausgeliefert. Mit 78 PS war der 580 kein Temperamentsbolzen, aber für 120 km/h auf der Autobahn reichte es. Einige wenige Fahrzeuge wurden sogar mit dem kernigen 2,5-Liter-Benziner mit 110 PS ausgeliefert. Klanglich ein Highlight und heute gesucht – vom Verbrauch aber deutlich anspruchsvoller. Die Auslieferungen des 580 verzögerten sich um ein Jahr, und dann wurde er kurz darauf schon wieder aus dem Programm genommen. Vielleicht war Knaus mit dem 580 zu progressiv oder zu ungeduldig. Denn ein paar Jahre später wurden Teilintegrierte die beliebtesten Wohnmobile. Wer weiß, ob der 580 nicht doch das Zeug zum Bestseller gehabt hätte.

TRAVELLER 580

Wie der Vater so der Sohn: originalgetreuer Nachbau von Papas Bulli für den Filius.

ALLES, NUR KEIN STANDARD – DIE BESONDEREN VARIANTEN

99 Cinecar

Das andere Autokino

In den 60er Jahren hatte noch nicht jeder Haushalt einen Fernseher, und an Video on demand oder YouTube auf dem Mobiltelefon war noch gar nicht zu denken. Damit aber doch größere Menschenmengen in den Genuss von Unterhaltung oder Informationen kommen konnten, hatte die Firma Cinecar aus Bonn einen passenden Bulli im Angebot. Als Basis diente ein Hochraumkastenwagen ohne Heckklappe.

Im Innenraum war ein Schmalfilmprojektor mit einer 900 Watt starken Xenon-Lampe zur Vorführung von 16-mm-Magnetton- und Lichttonfilmen eingebaut. Im Heck gab es eine 75 mal 100 Zentimeter große Durchprojektionsleinwand. Damit die Zuschauer trotz Tageslicht auch etwas sehen konnten, war es möglich, eine Art Lichttunnel hinter dem Fahrzeug auszuklappen. Bei Dunkelheit konnte mit Hilfe eines Leinwandgestells das Bild auf ganze 200 mal 250 Zentimeter vergrößert werden. Der Ton wurde über ein ausgeklügeltes System übertragen. Dazu waren im Bug des Hochdachs zwei Lautsprecher eingebaut, und im Heck war eine Lautsprechersäule quer unter der Durchprojektionswand in die Karosserie eingelassen. Heute würde man das wohl Soundbar oder Centerlautsprecher nennen. Über die Tonanlage konnten nicht nur die Tonspuren des Films, sondern zum Beispiel auch ein Live-Kommentator übertragen werden.

Der Cine-Bulli konnte aber nicht nur für Filmvorführungen genutzt werden. Er war auch ein rollender Lautsprecher. So konnte man mit ihm durch die Straßen fahren und Durchsagen für die Bevölkerung machen, um sie zum Beispiel über das bevorstehende Blutspenden zu informieren. Wenn die Anlage um ein Autoradio ergänzt wurde, konnte man dank einer »Spezialschaltung« Rundfunksendungen sofort verstärkt für eine große Menschenmenge ausstrahlen und die Sendung sogar aufzeichnen. Ein eingebauter Stromgenerator, angetrieben durch den Fahrzeugmotor, machte den Bulli unabhängig einsetzbar. In geschlossenen Räumen wurde der lichtstarke Projektor durch einen Satz »Spezialbatterien« für mindestens zwei Stunden mit Energie versorgt, genug für einen Film mit Überlänge. Sofern Strom zwischen 110 und 250 Volt verfügbar war, konnte er auch an das Stromnetz angeschlossen werden. Wie viele Cine-Bullis je gebaut wurden, ist ungewiss. Sicher ist aber, dass es ein Exemplar im Originalzustand in einer Privatsammlung in Kalifornien gibt.

Kino auf vier Rädern. Der umgebaute T1 machte seine Umgebung im Handumdrehen zum Kinosaal.

VOLKSWAGEN
INFORMATION
2070 kg
WOB-VE 81

100 Der Sattelzug-Bulli

Stahl meets Design

Dass Rolf Stahl irgendwann mal aufsehenerregende Auflieger bauen würde, war von ihm so nie geplant. Eigentlich wollte er nur einen werbewirksamen Fahrzeuganhänger für seinen Karosseriebetrieb herstellen, der eine hohe Nutzlast hat … Doch manchmal kommt es anders.

Eines Abends, der Prototyp der ersten Sattelzugmaschine war gerade fertig geworden, klingelt das Telefon, und ein Unbekannter sagt: »Sie bekommen in den nächsten Tagen eine Tristar-Doppelkabine mit Sechszylindermotor von der Firma Oettinger angeliefert. Bauen Sie mir bitte daraus eine Sattelzugmaschine mit Wohnauflieger.« Es gab zuvor keinen Kontakt oder gar ein Angebot. Was sich verrückt anhört, war es auch, denn Rolf war gar nicht auf den Bau von Fahrzeugen für Kunden eingestellt. Da er aber auch schon den Prototypen auf die Straße gebracht hatte, nahm er den Auftrag und die Herausforderung an. Partner für den Wohnauflieger wurde die Reisemobilmanufaktur VARIOmobil aus Bohmte in Niedersachsen, schon damals bekannt für ihre Luxusmobile mit individueller Ausstattung. Die DoKa wurde von Rolf nach dem Eintreffen fast komplett zerlegt und zur Sattelzugmaschine umgebaut. Durch den Einbau einer Druckluftbremsanlage durfte der Zug 5.500 Kilogramm wiegen. Womit für den 7,5 Meter langen Auflieger satte 3,5 Tonnen zur Verfügung standen. Dass die Zugmaschine mit dem Sechszylinder nicht gerade knauserig mit dem Kraftstoff ist, war schon vor der ersten Probefahrt klar. Darum wurden auch zwei 60 Liter fassende Tanks montiert. Bei einem Verbrauch von über 25 Litern auf 100 Kilometer mehr als notwendig, wenn man nicht jede Tankstelle kennenlernen will. Für den individuellen Auftritt entwickelte Rolf eine eigene Front, bei der das VW-Zeichen außermittig platziert wurde. Der Innenraum wurde ebenfalls total umgebaut und veredelt. Die Faszination, die von dem Gespann ausging, brachte es sogar in ein Autoquartett.

Schöner konnte ein Wohnwagengespann in den 80ern wohl nicht aussehen. Schnittige T3-DoKa mit Vario-Auflieger. Noch heute eine Augenweide.

Als Zugmaschine kam für Rolf immer schon nur der Bulli in Frage. Es war für ihn das einzige Fahrzeug, welches eine so hohe Multifunktionalität in Kombination mit Spaß und Nutzen bot. Die ersten fünf Zugmaschinen waren noch T3, doch dann ging es nahtlos weiter mit schön designten T4-Sattelzugmaschinen und Motorradtransportern. Auch heute noch sind diese Fahrzeuge eine Augenweide – nicht nur für Bulli-Fans.

VARIO mobil

101 Der Syncro

Das Krabbeltier

Oft heißt es, der Erfolg hat viele Väter, aber in diesem Fall kann man wirklich sagen, dass es zwei Väter waren, die den Bulli mit einer Wunderkraft ausrüsteten: dem Allradantrieb. Der Entwicklungschef Gustav Mayer und der Ingenieur Henning Duckstein sind maßgeblich dafür verantwortlich, dass der Bulli Mitte der 80er Jahre zum potenten Geländewagen werden konnte. Während Fahrten mit dem T2 in der Sahara blieb der Entwicklungschef der Transporter selbst einige Male stecken, vielleicht war das der Anstoß für ihn, sich mit der Idee eines vierradangetriebenen Bulli zu beschäftigen. Zur Umsetzung erteilte er einigen seiner Ingenieure den »Geheimauftrag«, an dem Konzept zu arbeiten, und Ende der 70er gab sein Chef die offizielle Freigabe, fünf Versuchsfahrzeuge zu bauen. Um die mit dem zuschaltbaren Allradantrieb auszustatten, waren umfangreiche Änderungen der Technik und der Karosse nötig. Aber das Ergebnis war es wert. Die Prototypen waren mit dem kurzen Radstand, den der T2 bot, unheimlich geländegängig. Dank zwei Sperren konnten die Grenzen der machbaren Strecken noch weiter hinaus verschoben werden. So eine Performance wurde belohnt. Der Vorstand beschloss, dass der Allradantrieb in Serie kommen sollte.

Es dauerte aber noch, bis 1985 der erste Syncro auf Basis des T3 vorgestellt wurde. Die Entwicklung und die Produktion erfolgten zusammen mit der österreichischen Firma Steyr-Daimler-Puch. In Graz wurden die Fahrzeuge mit dem jetzt permanenten Allradantrieb komplettiert. Bei diesem Deal ging es wohl nicht nur um das Know-how von Steyr, sondern vielleicht auch um ein Zugeständnis an Österreich. Der vierradangetriebene Kraxler aus Hannover wurde zum Geniestreich für Volkswagen. Denn er war bestens geeignet für Gewerbe- und Privatkunden.

Heute sind die Fahrleistungen des T3 Syncro schlicht legendär. Dazu hat auch die 16-Zoll-Variante beigetragen, die mit geänderten Radhausausschnitten, größeren Vorderbremsen, einer längeren Hinterachsschwinge und größeren Rädern noch geländegängiger war. Was die Syncros können, zeigen einige ihrer Fans nicht nur auf Urlaubsreisen, sondern auch auf Allradtreffen wie dem Syncro-Treffen in Deutschland oder dem Syncro-Fest in Kalifornien. Immer getreu dem Motto: Syncro – dort stecken bleiben, wo andere gar nicht erst hinkommen.

Das Urmeter der allradangetriebenen VW Bullis: der Prototyp auf T2-Basis. Dank ihm wurde der Syncro-Bulli schlicht legendär.

1978

102 Der Samba-Bulli

Sinnbild des Bulli

Für viele Leute, die nicht tief in der Materie stecken, ist der T1 immer ein Samba-Bulli. Nicht, weil sie den Unterschied nicht kennen, sondern weil er für einige schlicht das Synonym für den VW mit der getrennten Scheibe ist. Schließlich ist er auch die wohl beliebteste Version des ersten Transporters.

Bis zum April 1951 gab es von Volkswagen nur den Kombi, um auch Personen zu transportieren. Praktisch, aber doch recht rustikal ging es in dem Fensterbus zu. Dies änderte sich schlagartig mit der Präsentation des schlicht »Kleinbus Sonderausführung« und später zum Beispiel 8-Sitzer-Sondermodell genannten Busses. Schon von Weitem erkannte man dieses besondere Modell an seiner schicken Zweifarblackierung und den Dekorleisten aus glänzendem Chrom mit einem farblichen Keder. Rundherum gab es die technisch maximal machbare Anzahl an Fenstern. Anfangs 23 und ab 1963 dann 21 aufgrund der vergrößerten Heckklappe. Was zu den Bezeichnungen 23-Fenster- oder 21-Fenster-Samba führte. Im Dach sorgten neben einem riesengroßen Faltschiebedach acht Oberlichter für ein sagenhaftes Raumgefühl. Die Fahrgäste hatten in diesem lichtdurchfluteten Fahrzeug das Gefühl, bei der Fahrt ins Blaue mitten in der Natur zu sein. Es ist aber ein Trugschluss, wenn behauptet wird, dass ein Samba nur echt ist, wenn er auch das Faltdach und die Dachfenster hat. Denn mit der Option M130 entfiel beides ab Werk. Wer wirklich sicher wissen möchte, ob ein Samba echt ist, sollte eine Fahrgestellnummer-Abfrage bei VW machen lassen. Nur so erfährt man, ob es ein Original oder ein Nachbau ist, was zwar keinen Unterschied beim Bulli-Gefühl, wohl aber deutlich beim Preis macht. Innen war das »Sondermodell« mit allen Ausstattungsdetails versehen, die man sich damals nur wünschen konnte: Gepäckhaltestangen, Mantelhaken, Armschlaufen und natürlich Aschenbecher. Für die gute Stimmung an Bord konnte auf Wunsch ein riesiges »Auto-Super«-Radio sorgen, wenn man es bei seinem VW-Händler einbauen ließ.

Wer an den T1-Bulli denkt, denkt meist auch an den Samba. Dieser lichtdurchflutete Bus ist das Sinnbild für den Bulli.

Ein unlösbares Geheimnis scheint immer noch zu sein, wie der Samba-Bulli zu seinem Spitznamen kam. Vielleicht hatte es etwas mit dem in den 50ern in Mode gekommenen Sambatanz und den Sambazügen der Deutschen Bahn zu tun. Egal, wie es zu dem Namen kam, für den inzwischen wertvollsten Bulli ist Samba sicher eine schönere Bezeichnung als nur »Sondermodell«.

H VW 663

103 Die Samba-Zwillinge

Wiedersehen nach 65 Jahren

Es gibt Zwillinge, die wachsen zusammen auf, tragen Partnerlook, und irgendwann, im Laufe der Jahre, werden sie eigenständiger. Nicht so bei Zwillingen, die direkt nach der Geburt getrennt werden. Wenn diese sich im hohen Alter das erste Mal treffen, ist das schon etwas ganz Besonderes.

Die beiden Freunde Rikki und Andy sind in der englischen VW-Bus-Szene zwei bekannte Gesichter. Rikki fährt seit über 20 Jahren einen 54er Samba mit dem kultigen Kennzeichen I3US. Andy hatte unter anderem einen perfekt restaurierten Samba, der leider 2018 auf dem Rückweg von einem Treffen abgebrannt ist. Bei der Suche nach Teilen fand er bereits 2015 einen ebenfalls 1954 gebauten Samba und kaufte ihn.

Als er und Rikki im Sommer 2019 mal wieder über ihre Barndoor Sambas quatschen, fällt beiden auf, dass ihre Bullis wohl im gleichen Monat gebaut wurden. Das wollten sie nun genau wissen und tauchten ein in die Archive der VW-Welt. Was dabei zutage kam, ist schier unglaublich. Beide Bullis wurden am 6. September 1954 in Wolfsburg gebaut, und beide verließen das Werk wohl auch auf dem gleichen Zug in Richtung Dänemark. Dass zu dieser Zeit nur wenige Sambas pro Tag gebaut wurden, unterstreicht noch einmal, was für ein Zufall dieser Fund ist.

Während Rikkis schwarz-roter Bus nach Schweden ging und dort auch genutzt und am Leben erhalten wurde, sah es für Andys grundierten Samba weniger gut aus … Er diente irgendwann nur noch als Teileträger. So war von ihm, als Andy ihn fand, nicht viel mehr als das rostige Chassis mit ein paar traurigen Teilen übrig geblieben. Kein Einzelschicksal, denn vor 20 bis 30 Jahren war der T1 auf dem Gebrauchtmarkt einfach noch nicht viel wert.

Schier unglaublich war das Wiedersehen der beiden T1 zu ihrem 65. Geburtstag. Gefeiert wurde es auf dem Busfest in Malvern.

Die Entdeckung, dass es sich bei ihren Bullis um Zwillinge handelt, machten die beiden Freunde erst fünf Wochen vor dem 65. Geburtstag der Sambas. So hatte Andy nicht viel Zeit, zumindest die Karosse wieder rollfähig zu bekommen. Aber er hat es geschafft, und so konnten am 6. September 2019 die beiden Jubilare auf dem Busfest in Malvern eine spektakuläre Wiedervereinigung mit Hunderten von Bulli-Fans, Bulli-Kuchen und Ballons feiern.

HAPPY BIRTHDAY
SAMBA TWINS
65
65
BUSFEST 19
BUS

104 Der Scheunenfund

Bulli-Radarblitzer

Es gibt sie tatsächlich auch heute noch immer mal wieder: Scheunenfunde. Diese sagenumwobenen Funde alter, meist vergessener Bullis sind oft der Ausschlag für abendfüllende Gespräche im Kreis von Bulli-Enthusiasten. Solche Funde beginnen meist mit dem Anruf von jemandem, der gehört hat, dass irgendwer jemanden kennt, der doch was mit Bullis macht, und so weiter. So geschehen auch Ende 2018. Zu veräußern war ein Transporter von 1953. Dieser sollte in die sprichwörtlich guten Hände kommen, und so bot man ihn der Sammlung von Volkswagen Nutzfahrzeuge Oldtimer an. Aufgrund des Baujahres war das Fahrzeug schon recht interessant. Es wurde aber noch viel interessanter, als der Verkäufer die ersten Bilder schickte, auf denen im Heck des Bulli ein Loch prangte. Die Familie, die den Wagen besaß, hatte ihn fast 54 Jahre immer nur von einer Ecke in eine andere gestellt. Zeit, ihn zu restaurieren und wie geplant zum Wohnmobil umzubauen, fanden sie leider nicht – oder besser gesagt zum Glück nicht. Denn wie sich bei den Recherchen zu dem Fahrzeug rausstellte, war es der erste Bulli, der als Radarblitzer zu Schulungszwecken der Polizei in Niedersachsen im Einsatz war.

Zuerst verrichtete er seinen »normalen« Polizeidienst, bis er von 1961 bis 1964 von der »Ausbildungsstelle für Technik und Verkehr« für die Schulung von Polizisten im Umgang mit der neuen mobilen Radarmesseinrichtung genutzt wurde. Dazu wurde im Heck des blauen Bulli ein Blitzgerät installiert, welches bei Nichtgebrauch mit einer Verschlusskappe »getarnt« war. Die eigentliche Radaranlage war im Innenraum untergebracht. Hier schrieben die Beamten auch die Berichte zu den Vergehen. Bis solche Radarwagen im Einsatz waren, wurden die Delinquenten noch per Stoppuhr ermittelt. Eine nicht immer zuverlässige Methode, die für viele Diskussionen sorgte. Auch wenn der Bulli-Blitzer heute nicht mehr im Einsatz ist, seine Anlage würde noch immer den gesetzlichen Anforderungen für die Toleranzen entsprechen.

Heinz Scholze in dem Blitzer-Bulli, auf dem er einst geschult wurde, um zu lernen, wie man Geschwindigkeitssünder überführt.

Um Ausreden sind die Delinquenten bis heute nicht verlegen. Aber peinlich berührt war mal ein Temposünder, der auf dem Weg zur Preisverleihung »Kavalier der Straße« war, bei der er mit ebendiesem Preis ausgezeichnet werden sollte ... Als echter Kavalier nahm er auch das »Ticket« mit Würde an.

POLIZEI
HALT
H · 198

105 Der Bulli-Kauf

Ein Traum wird Wirklichkeit

Einen Bulli zu kaufen ist grundsätzlich natürlich mit die beste Idee, die man im Leben haben kann, denn frei nach Loriot: »Ein Leben ohne Bulli ist möglich – aber sinnlos.«

Bei dem Erwerb dieser emotionsgeladenen Mobile prallen jedoch meist zwei Emotionen aufeinander. Die Angst vor der verpassten Gelegenheit und die Sorge, einen Fehlkauf zu tätigen. Man sollte also allzu guten Angeboten immer auch etwas kritisch gegenüberstehen und sich fachmännischen Rat holen.

Es gibt windige Händler, die schon in anderen Berufen ihr Know-how im Menschenmanipulieren erlernt haben. Wenn Sie an so einen Verkäufer geraten, läuten hoffentlich Ihre Alarmglocken, und Sie nehmen Abstand von dem vermeintlich einmaligen Angebot. Seriöse Bulli-Werkstätten erkennt man meist daran, dass sie eher von der Mundpropaganda als von blumigen Versprechen in Anzeigen oder auf Homepages leben. Oft sind deren Werkstätten noch ehrliche Schrauberhöhlen, in denen sich der Meister gerne auch mal selbst ölige Hände holt und eher die Kundenzufriedenheit als nur den eigenen Profit in den Vordergrund rückt.

So ein Meister ist zum Beispiel Roland Grenz aus dem Kreis Paderborn. Seit über 25 Jahren hat er sein Hobby »VW Bus« zum Beruf gemacht. Er kümmert sich ganzheitlich um die Bullis seiner Kunden, die teilweise schon seit der Eröffnung seiner Werkstatt ihre Fahrzeuge bei ihm warten lassen. Das zeigt, dass er zu den ehrlichen und kompetenten Busschraubern gehört. In seinen pflegenden Händen ist unter anderem auch schon lange der T1 »Erwin« des Fotografen Peter Gebhard. Dieser rot-weiße Bulli ist der Star in mehreren Bildbänden. Aber bei Roland spielen weder der Status des Fahrzeugs noch der des Besitzers eine Rolle. Es wird eine faire Geschäftsbeziehung gepflegt, in der auch manchmal schonungslos ehrliche Worte gesagt werden. Das kann auch mal unangenehm sein, wenn sich das Internetschnäppchen bei der Besichtigung auf der Hebebühne als Ruine herausstellt. Aber diese Aufrichtigkeit weiß jeder sehr schnell zu schätzen, der schon mal in einer Werkstatt übers Ohr gehauen wurde. Mit seiner Ehrlichkeit und seinem großen Wissen über die VW Busse ist Meister Roland über die Region hinaus zum Geheimtipp für Bullis geworden.

Roland und sein Team kümmern sich mit Herz und Verstand um Bullis aller Generationen.

OLDTIMER
SERVICE
Tel: 0 52 52 / 93 99 93
SERVICE
Syncro

106 The Lightbus

Der Woodstock-Bulli

Kaum ein anderer Begriff wird so häufig im Zusammenhang mit dem Bulli genannt wie Hippies. Der Grund dürfte wohl das einzigartige Woodstock-Festival sein, welches als Höhepunkt der 68er-Hippie-Kultur gesehen wird. Ein Bild steht wie kaum ein anderes für den Kult: Eine Gruppe junger Leute sitzt auf dem Dach eines bunt bemalten 62er VW Kombis und lauscht der Musik. Dieses Foto erschien damals in unzähligen Gazetten und im Woodstock-Album. Es ist noch heute die Versinnbildlichung des Festivals und manifestiert die Assoziation Bulli = Hippie.

Bevor das Bild damals entstehen konnte, fragte Bob Grimm, Gründer der Band Light, seinen Freund Dr. Bob Hieronimus, seines Zeichens Maler und Künstler, ob er nicht den VW-Bandbus bemalen könne. Aber halt nicht nur irgendwie, Bob wollte die Geschichte der »Cosmic consciousness«, also des kosmischen Bewusstseins erzählen. Der Künstler sagt über den Bulli: »Der Bus verkörpert wirklich, ein Mensch auf einem Planeten zu sein. Auf jeder Seite des Busses steht eine Geschichte – viele Geschichten, und die Geschichten zeigen die Vereinigung, die Zusammenarbeit und das höhere Bewusstsein auf, worum es beim Thema Licht geht.« Die Spiritualität der 68er lässt grüßen. Mit dem bunt bemalten Lightbus fuhr die Band als Zuschauer dann zum Festival. Dort wollte man sie nicht aufs Gelände lassen. Aber sie mogelten sich mit der Behauptung, Teil der Kunstausstellung zu sein, rein. Wie recht sie mit dem Argument hatten, konnte damals wohl niemand von ihnen ahnen.

Dr. Bob träumte lange davon, den Lightbus wieder aufleben zu lassen. 2016 fand er mit dem kanadischen Dokumentaristen John Wesley Chisholm einen Partner, der dieses Projekt umsetzen wollte. Trotz einer groß angelegten Suchkampagne war das Original nicht mehr aufzutreiben. Sie fanden aber einen baugleichen Ersatz von 1963, der als Basis dienen sollte. Selbstverständlich war, dass der Bulli rechtzeitig zum 50-jährigen Jubiläum des Festivals 2019 fertig werden musste. Neben vielen motivierten Helfern in den Werkstätten bemalten fünf Künstler den Bus nach dem originalen Vorbild unter der Regie von Dr. Bob. Sein Debüt hatte der fertige Bulli auf dem OCTO-Bulli-Treffen im Februar 2019 in den USA, von wo er direkt auf eine Tournee durch das ganze Land ging – natürlich auch nach Woodstock.

Ein Monument der gemeinsamen Geschichte von Bulli und Woodstock. Der Lightbus (Nachbau) zum 50-jährigen Jubiläum des Festivals im Jahr 2019.

OM
VOICE of SILENCE

107 Porsche B32

Ein echter Porsche mit Nutzi-Genen

Es gibt weltweit nur eine Handvoll Fahrzeuge, die man ruhigen Gewissens Ikone nennen sollte. Der VW Bus und der Porsche 911 gehören aber auf jeden Fall dazu! Wer zu wenig Platz in der Garage hat oder sich nicht entscheiden kann, für den gibt es die perfekte Kombination: Porsche B32, die Karosse vom T3 Caravelle und das Triebwerk vom Porsche 911. Aber es ist ein echter Porsche. Schließlich hat ihn der Stuttgarter Sportwagenhersteller in den 80er Jahren als Kleinserie aufgelegt. Mit dem Sechszylinder des 911 Carrera im Heck. 231 PS stark, offiziell 185 km/h schnell – die stärkste »Schrankwand« seiner Zeit. Und die Bezeichnung B32? Steht für Bulli und 3,2 Liter Hubraum. Doch schon bevor es zu der Kleinserie mit der Projektnummer 2656 kam, gab es Fahrzeuge mit Porschemotor auf Basis der frühen Bullis. Sie dienten auf Testfahrten der Ingenieure als Servicewagen. Auf die Idee war man gekommen, weil die Karawane bei den langen Fahrten immer wieder auf die langsamen Servicefahrzeuge warten musste. Um das abzustellen, pflanzte man zuerst einen 100-PS-Motor aus dem 914 und dann einen 204 PS starken SC in den Motorraum eines Bulli. Und siehe da, die Rechnung ging auf, der Bulli konnte (fast) mithalten. So veranlasste Anfang der 80er der damalige Porsche-Vorstand Helmut Bott die Entwicklung eines VW Busses mit dem Aggregat aus dem aktuellen 911.

Der Preis betrug damals rund 145.000 Mark – mehr als das Doppelte des Preises, den man für einen 911er mit gleichem Aggregat hinlegen musste: 66.950 Mark. Der immense Preis ist sicher auch einer der Gründe, warum es eine sehr kleine Serie blieb. Um die Stückzahl ranken sich viele Mythen. Eine verbindliche Aussage gibt es leider nicht. Sicher scheint zu sein, dass weniger als 20 Exemplare produziert wurden. Der wohl erste Prototyp des B32 mit 3,2-Liter-Motor hatte noch eine VW-Fahrgestellnummer und besaß einen Camperausbau.

VW oder Porsche. Formal ein Porsche. Optisch ein VW Bulli. Der B32 mit Porsche-Motor und Fahrgestellnummer. Eine einzigartige Kleinserie, die heute sehr gefragt ist.

Legendär ist auch der Auszug aus der Betriebsanleitung: »Die Fahrleistungen übersteigen erheblich die des VW-Serienmodells. Sie sollten beim Betrieb des Fahrzeugs diesen Umständen Rechnung tragen und die Fahrweise entsprechend anpassen.« Bei einer Beschleunigung von 0 auf 100 km/h in 9,6 Sekunden nicht ganz unpassend.

B 32
VOLKSWAGEN-NUTZFAHRZEUGE-OLDTIMER.DE

Der giftgrüne Bolide mit Porschemotor im Heck fuhr in Nardò zum Weltrekord.

108 Sehnsucht Bulli

Geborgenheit und Freiheit

Der Bulli ist eine Ikone, ein Sehnsuchtsmobil. Aber warum will man einen Bulli haben? Was ist der Reiz des Bulli? Warum kann man sich diesem Auto nicht entziehen? Es gibt viele Theorien, warum zum Beispiel gerade Kinder den Bulli so lieben. Im Gegensatz zu Erwachsenen sind sie nicht mit T1, T2 oder T3 aufgewachsen, trotzdem erkennen sie ihn, lachen, zeigen mit den Fingern auf ihn und kreischen »Bulli«. Gerade beim T1 und T2 gleichen die kulleraugenähnlichen Scheinwerfer und die rundliche Front der Fahrzeuge einem freundlichen Gesicht, und das macht sie so sympathisch. Und dass man mit der ganzen Fußballmannschaft zusammen im Bulli wegfahren kann, ist auch viel toller als eine Tour mit einem normalen Pkw.

Bei den Erwachsenen kann es auf der einen Seite die Nostalgie sein, das Gefühl, das man verspürt, wenn man in einen der alten Bullis einsteigt und den Geruch aus der Kindheit wahrnimmt. Die Geborgenheit spürt, die einen umschmeichelt hat, als man auf der Ferienreise noch auf dem warmen, blubbernden Boxermotor im Heck geschlafen hat, während Vati und Mutti durch die Nacht der Sonne entgegensteuerten. Das Gefühl der Freiheit, das man nach dem Abitur hatte, als man mit einer Gruppe zusammenlegte, einen schrottreifen Bulli mit ein paar Monaten TÜV kaufte und mit sehr wenig Geld die Welt entdeckte.

Die andere Seite ist die Flexibilität und die Unabhängigkeit, die man mit einem Bulli hat. Jederzeit das Fluchtmobil gepackt vor dem Haus stehen zu haben, immer bereit für jeden auch noch so kurzen Ausflug zu sein und spontan übernachten zu können, wann und wo es einem gefällt. Ohne Zwänge und Konventionen. Immer zusammen mit einem Verbündeten. Dem Bulli. Vielleicht gibt man deswegen seinem Bus einen Namen. Schließlich gehört der Kumpan zur Familie.

So strahlt man, wenn man nach vielen Jahren Restaurationsarbeit mit seinem Bulli endlich auf Reisen gehen kann.

Dabei macht es keinen Unterschied, ob man mit einem historischen T1 oder einem modernen T6 unterwegs ist. Bullifahren ist ein Lebensgefühl auf Rädern. Eine Lebenseinstellung – ein Plädoyer für die Freiheit. Nicht ohne Grund heißt es: einmal Bulli, immer Bulli.

109 Bulli-Foodtrucks

Essen auf Rädern

Schon immer gab es auf Volksfesten Essen aus fahrenden Imbissbuden. Seit ein paar Jahren heißen die Teile Foodtrucks, und es gibt ganze Festivals, auf denen es nur um Essen aus solchen Gefährten geht. Früher waren es einfache Pommesbuden, heute wird das Fahrzeug, gerne auch der sympathische Bulli, mit inszeniert. Es geht nicht mehr um einfaches und billiges Essen auf dem Jahrmarkt. Es geht darum, einen Lifestyle zu zelebrieren und das Essen auf der Hand wieder wertiger und gesünder zu machen. Mit dem Begriff Slow Food wird bewusstes, genussvolles und oft regionales Essen bezeichnet. Also genau das Gegenteil von Fast Food. Dass man es geschafft hat, den vermeintlichen Nachteil, die längere Zubereitungsdauer, als Qualitätsmerkmal zu verkaufen und zu zelebrieren, war für viele Kunden in den langen Warteschlangen erst mal eine Umstellung. Aber auch das gehört zum Konzept, sich bewusst zu ernähren, die Vorfreude auf den Genuss.

Neben den Foodtrucks gibt es natürlich auch die Getränkewagen. Hoch im Kurs stehen Bullis mit Baristabar, wo man leckere Kaffeespezialitäten genießen kann. Gern auch aus eigener Röstung. Oder Bier von kleinen, privaten Brauereien. Eine davon ist die Brauerei Klindworth aus dem niedersächsischen Sauensiek bei Stade. Dort hat der Junior Niko seine Leidenschaft VW Bulli und Bierbrauen vor vielen Jahren kombiniert.

Er war schon lange mit seinem T1 unterwegs, bevor Craft Beer in Mode kam. Schon immer hatte er aber auch den Traum, sein eigenes Bier zu brauen. Mitte der 2000er war die Zeit reif, und er installierte im elterlichen Gasthof eine Brauanlage. Das selbst gebraute Bier wird nicht nur im Gasthof verkauft, sondern auch auf Festen in der Region. Und dort kommt dann der Bulli zum Einsatz. Mit einer zeitgenössischen Werbung verziert, wird der Ausschank optisch abgerundet. Das Auge trinkt schließlich mit. Im Gasthof bietet Niko Brauseminare an. Diese eignen sich perfekt für bierinteressierte Bulli-Fahrer. Die Klindworths sind auch als Gastgeber im Genuss-Reiseführer »Landvergnügen« aufgeführt. Man kann mit dem Bulli bei ihnen direkt auf einem Stellplatz oder auf dem hauseigenen Campingplatz übernachten. Das Naturschwimmbad nebenan lockt am nächsten Morgen zur Erfrischung. Perfekt also für eine (»Bildungs«-) Reise mit dem Bulli.

Der T1 von den Klindworths steht oft im Mittelpunkt, wenn das selbst gebraute Bier auf Veranstaltungen verkauft wird.

Lindworths
Sauenſiecker
Landbier
SAUENSIEKER
PALE ALE
LANDBIER
CHLORFREI
0,1L 0,3L
1,-/3,-

110 Die Dub Box

So schön kann anhänglich sein

Platz kann man ja nie genug haben. Vor allem wenn man in einem kompakten Bulli auf Reisen geht. Aber irgendwann reicht es nicht mehr, einen Ausbau zu haben, der jede Ecke perfekt als Stauraum nutzt ... da muss es mehr sein. In der Regel greift man zuerst zum Zelt oder zu einem langweiligen weißen Wohnwagen, um sich mehr Raum zu verschaffen.

Aber so eine biedere und unästhetische Lösung kam für den Bulli-Fan Matt Clay nie in Frage. Es sollte schon stylish sein und zum eigenen Bulli passen. So kombinierte er sein Anhängerwissen, seinen Architekturbackground und seine lebenslange Campingleidenschaft, um den ultimativen Glampinganhänger zu kreieren.

Dieser sollte leicht sein, ausreichend Stehhöhe bieten und natürlich megacool aussehen. Dazu nahm er die Frontenden von zwei Unfall-Bullis, bastelte diese mit großem Geschick zusammen und machte daraus eine Form, um eine Fiberglashülle zu gießen, die sehr stark an das Design eines Bulli erinnert. Dieses Häuschen wurde dann fachmännisch auf ein Anhängerfahrgestell montiert, und fertig war der hippe Camper. Innen wurde er isoliert und bekam eine wohnliche Verkleidung. Der praktische Innenausbau im Retrolook bot alles, was man von einem vollwertigen Wohnwagen erwartet.

Wo sie auch mit diesem Anhänger auftauchten, das Paar mit dem sensationellen Anhänger wurde stets sofort belagert und mit Fragen zu dieser stylishen Kiste bombardiert. Innerhalb kürzester Zeit eroberte er die Medien, und so fiel schon bald die Entscheidung, diesen Wohnwagen auch für andere zu bauen. Der leichtgewichtige Anhänger wiegt zwischen 590 und 1.050 Kilogramm. Je nachdem, wie die Ausstattung ausfällt. Nahezu jeder Wunsch kann dabei erfüllt werden. Egal, ob zwei oder vier Betten, mit oder ohne Küche oder einfach nur eine leere Hülle. Natürlich kann die Lackierung passend zu dem Bulli erfolgen, der das rollende Gästezimmer später ziehen soll. Aber ob nun mit oder ohne Bulli als Zugfahrzeug, einer Sache kann sich jeder Besitzer einer Dub Box sicher sein: Er fällt extrem positiv auf und sollte schon etwas extrovertiert sein, denn lange bleibt man mit diesem Bullianhänger nicht allein.

Anhänglichkeit mit Stil. Egal, ob hinter einem passenden Bulli oder einem Pkw, die Dub Box fällt einfach auf.

111 Der Bauspar-Bulli

Schöne Werbung

Der T1 wurde schon früh als rollende Litfaßsäule erkannt. So gab es sogar einen Prospekt, der die Vorzüge und Möglichkeiten, den T1 als Werbefläche einzusetzen, anpries. Einen großen Schritt weiter ging Ende der 50er Jahre die Bausparkasse Schwäbisch Hall. Sie ließ sich eine kleine Flotte an Fahrzeugen mit einer Glaskuppel auf der Ladefläche bauen. Unter diesem umgangssprachlichen Schneewittchensarg befand sich ein Diorama wie von einer übergroßen Modelleisenbahn: Fünf individuelle Eigenheime sollten jeden Geschmack treffen und die Lust auf das Bausparen wecken. War es doch in der Wirtschaftswunderzeit, nach dem Krieg, für viele ein erstrebenswertes Ziel, ein Eigenheim zu besitzen, um die Sehnsucht nach Geborgenheit zu stillen. Und nicht zuletzt auch um den Mitbürgern zu zeigen, dass man es sich leisten konnte.

Lange vor BTX, Internet und anderen Werbeformen, die einen im Schrotschuss zu erreichen scheinen, war man auf individuelle Werbung in der Nähe des Kunden angewiesen. So tourten die Bauspar-Bullis durch die Lande und informierten über die Möglichkeiten, mit Bausparen und Wohnungsbauprämie seinen Traum vom Eigenheim zu erfüllen.

Heute gibt es noch drei Fahrzeuge dieser Art. Zwei von ihnen sind Nachbauten für die Schwäbisch Hall. Der erste von den beiden musste innerhalb von nur sieben Monaten zur 80-Jahr-Feier der Bausparkasse fertiggestellt werden. Eine Meisterleistung von Stephan Meyer und seinem Team, gab es als Vorlage doch nur ein Farbfoto, anhand dessen alles rekonstruiert werden musste. Trotz des Zeitdrucks überzeugte das Fahrzeug bis ins Detail. Die wohl größte Herausforderung war die transparente Kuppel, die nach langem Suchen ein Zulieferbetrieb aus der Luftfahrtindustrie hergestellt hat. Für eine ausreichende Kühlung des Motors mussten die Lüftungsschlitze von senkrecht auf waagerecht geändert werden. Der Dritte im Bunde ist ein »Fundstück« aus einem Waldstück nahe der bayerischen Gemeinde Siegsdorf bei Traunstein. Allerdings zurzeit (noch) ein Wrack, welches wie Schneewittchen wachgeküsst werden muss. Wenn man so eine kunstvolle Form der Werbung sieht, stellt man zwangsläufig fest, dass sie viel emotionaler ist als ein Pop-up-Fenster im Internet, und fragt sich, wann es mal wieder so schöne Bulli-Werbeträger geben wird.

Die rollende Litfaßsäule aus den 60ern. Noch heute könnte man mit so einem Bulli perfekt werben.

"...aus baut das andere" heißt es bei der Bausparkasse Schwäbisch Hall!
BAUSPARKASSE
SCHWÄBISCH HALL
AKTIENGESELLSCHAFT
BAUSPARKASSE DER VOLKSBANKEN UND RAIFFEISENKASSEN
SHA-R 60

Fotonachweis

S. 15, 21, 23, 25, 29, 35, 37, 41, 43, 47, 49, 51, 59, 73, 87, 89, 95, 97, 100, 117, 119, 133, 141, 143, 149, 151, 153, 155, 161, 163, 165, 167, 171, 173, 175, 177, 178, 191, 195, 199, 207, 225, 227, 231, 233, 239, 241, 263, 265, 269, 275: Volkswagen Nutzfahrzeuge; S. 19: KSK/Spieker Fotographie; S. 45: Tobias Twele; S. 57: f.re.e/Messe München; S. 61, 185: Dokke Sahertian; S. 65: Fa. TH Automobile; S. 71: Armin Bardel /Steinbruch Esterhazy; S. 75: Julian Hunt; S. 77: hot VWs; S. 79: Firma Polyroof; S. 92: www.pixabay.com; S. 99, 131: Volkswagen Belgium; S. 103: Neil Resnick; S. 105: Andreas Hutter; S. 107: Matthias Göttenauer; S. 109: Ladies get lost in Adventures; S. 111: Britta Liefländer; S. 113: Leander Bindewald; S. 115: EV World Tour; S. 123: unbekannt; S. 127, 139, 145: Stephan Lindloff; S. 129: Julien-David Collombet; S. 137: Peter Tischer; S. 147: Jürgen Schultz/Buch: Im Bulli auf dem Hippie Trail; S. 157, 158, 175: Volkswagen AG; S. 169, 273: Volkswagen oA; S. 189: Jochen Reimer; S. 193: Team Isabella Lombardo; S. 203: Malte Joost; S. 205: Asaf Kliger/Design: Chris Pancoe & Jennie O'Keefe; S. 209: Michael Steinke; S. 213: Peter Lühr; S. 215, 259: Shin Watanabe; S. 217: Busfest/Papercut Media; S. 229: Markus Danner; S. 235: Autobild/Bittmann; S. 243: Jan Bürgermeister; S. 245: Bischofsberger; S. 247: Andreas Beyer; S. 249: Compact Automobilsysteme; S. 251: Peter Mallmann; S. 261: Marc Schultze; S. 267: VW UK; S. 277: Alexander Karstens; S. 279: Dr. Heiko P. Wacker; S. 281: Petra Bojahr; S. 283: Dub Box Limited; S. 285: Bausparkasse Schwäbisch Hall

Ein paar persönliche Worte

Die Idee war, »mal eben« ein paar Geschichten zu schreiben. »Mal eben« war dann aber ein ganzer Sommer, in dem jede freie Minute dem Projekt gewidmet wurde oder besser werden musste... Dabei haben viele Leute aus der Bulli-Szene geholfen. Deshalb: Mein Dank geht an die Protagonisten aus den Geschichten für ihre Mühe, mich mit Infos und vor allem Bildern zu versorgen, an Volkswagen Nutzfahrzeuge und VWoA für die Unterstützung und natürlich an Arne, Christian, Christoph, Dokke, Gerhard, Gerolf, Heiko, Iris, Julien, Lothar, Mark, Michael, Shin, Stephan, Thomas und Tobias für die Hilfe bei den teilweise überfallartigen Anfragen.

Und dann natürlich Dank an meine Familie. Meiner Oma, die schon in meiner Kindheit meinen Drang zur Mobilität erleben musste und mir ihre Wertvorstellung vermittelt hat. Meiner Mutter, die mir immer alle Freiheiten gewährt hat und mit dem ersten Bulli den Grundstein für die Leidenschaft zum VW Bus legte. Und natürlich meiner Frau, die in bewundernswerter Weise erträgt, wie viel Zeit für den Bulli im Hobby und Beruf bei mir draufgeht. Danke Euch für alles!

Allen, die mit dem Bulli unterwegs sind, wünsche ich viele tolle Erlebnisse in der Natur und Spaß mit den Menschen, denen Ihr begegnet. Und als Gast in der Fremde hinterlasst bitte nur Fußabdrücke und nehmt nur Erinnerungen mit, damit auch nach Euch noch viele an diese wundervollen Orte reisen dürfen.

In unregelmäßigen Abständen kann man an meinen Bulli-Ausflügen auf folgenden Kanälen teilhaben:

Blog: www.busroadtrips.de
Instagram: BUSROADTRIPS
Facebook: Roadtrips mit VW-Bussen

Bibliografische Information der Deutschen Nationalbibliothek
Die Deutsche Nationalbibliothek verzeichnet diese Publikation in der Deutschen Nationalbibliografie; detaillierte bibliografische Daten sind im Internet über http://dnb.d-nb.de abrufbar.

Layout: Jörg Weusthoff, Weusthoff Noël, Hamburg
Druck und Bindung: Optimal Media, Röbel/Müritz
Printed in Germany 2019
ISBN 978-3-7408-0680-4
Originalausgabe

Unser Newsletter informiert Sie regelmäßig über Neues von emons: Kostenlos bestellen unter www.emons-verlag.de

FSC
www.fsc.org
MIX
Papier aus verantwortungsvollen Quellen
FSC® C108521

Christian Schlüter ist seit seinem 17. Lebensjahr Bulli-Besitzer. Seitdem kann er sich kein perfekteres Fahrzeug vorstellen. Darum verbringt er auch bis zu über hundert Nächte im Jahr in Bullis und beim Camping. Der Autor ist niemand, der »mal eben« über den Bulli schreibt – er ist ein Bulli-Liebhaber, der ein Buch über das Auto seines Lebens geschrieben hat.